"十四五"职业教育国家规划教材

"十三五"职业教育国家规划教材

计算机专业职业教育实训系列教材

信息网络布线技能训练实战

主　编　朱东方　陈静君

参　编　刘志勇　蔡高弟

机械工业出版社

本书是“十四五”职业教育国家规划教材。

本书面向信息网络布线行业企业高技能人才培养需求，根据行业企业真实工作任务，按照世界技能大赛信息网络布线项目技能训练基础要求组织编写内容，目的是使更多的技工院校高技能人才熟练地掌握信息网络布线实战技术，提高该项目世界技能大赛的参与度和技术应用水平。

本书可作为职业院校计算机网络技术、工业互联网技术和物联网应用技术专业的教材，也可以作为网络综合布线技术人员的入门教程。

为方便教学，本书配有免费电子课件，凡选用本书作为教学用书的单位，可登录www.cmpedu.com，注册并下载。

本书配有视频，读者可扫描二维码观看。本书为综合布线课程的理论教材，还配有实训工作页（ISBN 978-7-111-58654-8），读者可以选用作为实训教材。

图书在版编目（CIP）数据

信息网络布线技能训练实战/朱东方，陈静君主编. —北京：机械工业出版社，2018.1（2023.7重印）

计算机专业职业教育实训系列教材

ISBN 978-7-111-59019-4

Ⅰ. ①信… Ⅱ. ①朱… ②陈… Ⅲ. ①信息网络—布线—职业教育—教材 Ⅳ. ①TP393

中国版本图书馆CIP数据核字（2018）第016010号

机械工业出版社（北京市百万庄大街22号 邮政编码100037）

策划编辑：梁 伟 责任编辑：柳 瑛

责任校对：马立婷 封面设计：鞠 杨

责任印制：刘 媛

涿州市般润文化传播有限公司印刷

2023年7月第1版第11次印刷

184mm×260mm · 11印张 · 252千字

标准书号：ISBN 978-7-111-59019-4

定价：36.00元

电话服务	网络服务
客服电话：010-88361066	机 工 官 网：www.cmpbook.com
010-88379833	机 工 官 博：weibo.com/cmp1952
010-68326294	金 书 网：www.golden-book.com
封底无防伪标均为盗版	机工教育服务网：www.cmpedu.com

关于“十四五”职业教育
国家规划教材的出版说明

为贯彻落实《中共中央关于认真学习宣传贯彻党的二十大精神的决定》《习近平新时代中国特色社会主义思想进课程教材指南》《职业院校教材管理办法》等文件精神，机械工业出版社与教材编写团队一道，认真执行思政内容进教材、进课堂、进头脑要求，尊重教育规律，遵循学科特点，对教材内容进行了更新，着力落实以下要求：

1. 提升教材铸魂育人功能，培育、践行社会主义核心价值观，教育引导学生树立共产主义远大理想和中国特色社会主义共同理想，坚定“四个自信”，厚植爱国主义情怀，把爱国情、强国志、报国行自觉融入建设社会主义现代化强国、实现中华民族伟大复兴的奋斗之中。同时，弘扬中华优秀传统文化，深入开展宪法法治教育。

2. 注重科学思维方法训练和科学伦理教育，培养学生探索未知、追求真理、勇攀科学高峰的责任感和使命感；强化学生工程伦理教育，培养学生精益求精的大国工匠精神，激发学生科技报国的家国情怀和使命担当。加快构建中国特色哲学社会科学学科体系、学术体系、话语体系。帮助学生了解相关专业和行业领域的国家战略、法律法规和相关政策，引导学生深入社会实践、关注现实问题，培育学生经世济民、诚信服务、德法兼修的职业素养。

3. 教育引导学生深刻理解并自觉实践各行业的职业精神、职业规范，增强职业责任感，培养遵纪守法、爱岗敬业、无私奉献、诚实守信、公道办事、开拓创新的职业品格和行为习惯。

在此基础上，及时更新教材知识内容，体现产业发展的新技术、新工艺、新规范、新标准。加强教材数字化建设，丰富配套资源，形成可听、可视、可练、可互动的融媒体教材。

教材建设需要各方的共同努力，也欢迎相关教材使用院校的师生及时反馈意见和建议，我们将认真组织力量进行研究，在后续重印及再版时吸纳改进，不断推动高质量教材出版。

机械工业出版社

前　言

党的二十大报告提出“深入实施科教兴国战略、人才强国战略、创新驱动发展战略，开辟发展新领域新赛道，不断塑造发展新动能新优势”。教材是人才培养的重要支撑、引领创新发展的重要基础，需不断更新升级，更好服务于高水平科技自立自强、拔尖创新人才培养。本书结合世界技能大赛信息网络布线项目考核内容和评分标准，在培养学生“综合职业能力”的同时，培养学生精益求精的工匠精神。

本书遵循“设计导向”的职业教育思想，以就业为导向，以培养学生的“综合职业能力”为目标，以满足学生的全面、个性化的职业生涯发展的需要为出发点，紧紧围绕世界技能大赛信息网络布线项目的技能点，从综合布线工程实施的角度出发，以国家标准《综合布线系统工程设计规范》（GB 50311—2016）和《综合布线系统工程验收规范》（GB/T 50312—2016）的要求为主线，按照工学一体化人才培养模式，突出“工作本位、岗位需求”改革核心，采取任务驱动式教学等课程改革创新思想编写。

本书侧重理论阐述，可作为职业院校和技工院校师生课堂教学的信息页，可与配套的工作页、微课教学视频、“实训墙”训练设备等四位一体的教学资源包配合使用，还可以作为信息网络布线项目比赛训练、网络工程技术人员的参考用书。

本书作为计算机类相关专业的核心课程教材，结合了用人单位需求和技能人才职业生涯发展需要，所确定的教学内容在针对性和适用性方面具有如下特征：

1．教材内容的设置，满足职业能力培养的需要。

通过大量的行业企业调研，分析了信息网络布线技术人才应具备的职业能力素养，从而合理选取教学内容。内容的选取着重培养学生以下能力：

1）信息网络布线识图的能力。

2）常见信息网络布线工具和绘图软件的运用能力。

3）信息网络布线7个子系统工程施工的实操能力。

4）协作能力和人际沟通能力。

2．针对信息网络布线的岗位职业能力的培养要求，设计基于工作过程导向的学习任务，由易到难，在“做中学，学中做”，按照信息网络布线流程来安排教学内容。

3．注重学生职业素养的培养，将思政及法律法规元素融入学习过程中，引导学生爱岗敬业、遵纪守法、关心集体和国家政策，培养具有工匠精神、服务意识、标准意识和归纳总结能力的高技能人才。

4．本教材配套资源有课件、微课视频、题库等。

本书由广州市工贸技师学院信息服务产业系教师组织编写，第43届世界技能大赛信息网络布线项目教练刘志勇作为本书技术指导、参编，负责模块1部分内容的编写，陈静君负责模块2部分内容的编写，朱东方编写其余部分并负责全书统稿。在本书编写过程中，蔡高弟、雷可培、叶展勇几位老师给予了大力支持。

由于编者水平有限，书中难免存在疏漏和错误之处，恳请广大读者批评指正。

编　者

2023年7月

二维码索引

目 录

模块1　信息网络布线概述

学习任务1　世界技能大赛信息网络布线项目基础知识

学习目的

理解世界技能大赛信息网络布线项目基础知识、了解综合布线系统与信息网络布线的区别。

链接1 “世赛”信息网络布线项目简介

“世界技能大赛”（WSC）被誉为“技能奥林匹克”，是世界技能组织成员展示和交流职业技能的重要平台。目前世界技能大赛类别设置有7部分，共计52个竞赛项目，其中信息网络布线（Information Network Cabling）属于第4部分信息与网络技术类。信息网络布线项目竞赛内容如下：

1. 模块1：光缆布线（约4.5h）
2. 模块2：综合布线（约6.5h）
3. 模块3：家庭和办公室网络布线（约3h）
4. 模块4：速度测试（约1.5h）
5. 模块5：光缆和铜缆的故障诊断与排除（约0.5h）

信息网络布线项目是由日本专家发起，2005年在第38届世界技能大赛上列为正式赛项。此后直至第43届的历届世界技能大赛，日本选手一直蝉联此项目的冠军。

我国自2013年在第42届世界技能大赛开始连续3届参加信息网络布线项目的比赛。2017年10月在阿联酋阿布扎比举行的第44届世界技能大赛中，我国代表团参加了47个比赛项目，取得了15枚金牌、7枚银牌、8枚铜牌和12个优胜奖的优异成绩，金牌数、奖牌数和团体总分均位列第一，实现了历史性重大突破，创造了我国参加世界技能大赛以来的最好成绩。

一、综合布线系统简述

通常所说的综合布线系统，是指按国际标准组织制定的各种布线标准设计各种建筑物（或建筑群）内各种系统的通信线路，包括网络系统、电话系统、监控系统、电源系统和照明系统等。综合布线系统是智能化办公室建设数字化信息系统基础设施，是将所有语音、数据等系统进行统一的规划设计的结构化布线系统，为办公提供信息化、智能化的物质介质，支持将来语音、数据、图文、多媒体等综合应用。因此，综合布线系统是一种标准通用的信息传输系统。信息网络布线（Information Network Cabling）是世界技能大赛的一个比赛项目，目前只考核技能部分，不涉及理论。信息网络布线技术构建了所有通信网络的基础设施，如蜂窝电话、局域网（LAN）、有线电视、互联网等。人们的生活离不开此项技术，它是每个国家职业培训的一个重要领域。该项技术通常是由本国的电信公司或互联网公司提供技术支持和服务的。该项技术不仅是布线，更是构建通信网络的基础。据统计，现在互联网通信故障70%都是由信息网络布线不规范造成的。信息网络布线质量严重影响信息传递质量。也就是说，一位信息网络布线人员的专业技能水平会影响一个网络的质量，如上网速度。该项目的参赛者必须熟悉国际标准化组织（ISO）制定的开放系统互联（OSI）参考模型7个层次的第一层——物理层对通信光纤设计与安装的要求，并按照国际标准安装光纤电缆和铜线电缆。一般地说，信息网络布线仅指满足IT行业数据传输组网需求的布线，属于综合布线比较重要的一部分，该项目对应工种为智能楼宇管理师。

二、综合布线的特点

信息网络专指电子信息传输的通道，是构成这种通道的线路、设备的总称，是“网络”的一种。信息网络布线给信息网络设备提供了一个无源平台，是网络的底层和基础，对各类通信应用系统具有透明性、开放性，概括来说，有以下特点。

1. 先进性

综合布线系统将建筑物或建筑群内的通信网络充分应用光纤通信和铜缆通信的最新技术，严格按照国内外现行最新标准规划和设计，用最先进的技术规范化施工，使其支持ETHERNET、TOKENRING、FDDI、ISDN、ATM、EIA—232—D、RS—422等所有通信协议，充分发挥了信息传输链路及设备效益。

2. 兼容性

综合布线系统将不同厂家的各类设备综合在一起同时工作，均可相互兼容。即综合布线系统对所有符合相关标准的生产厂商现有的布线设备、部件和材料等产品均是开放的。

3. 灵活性

综合布线系统有充分的灵活性，便于网络的集中管理和维护。接插元件如配线架、终端模块等采用积木式结构，可以方便地进行更换、插拔，通过其管理子系统的管理功能，在无须改变布线系统的情况下可方便地调整各类信号的传输路由，灵活地改变子系统设备和移动设备位置，使管理、扩展和使用变得十分简单，其灵活性主要表现为组网灵活、变位灵活和应用灵活。

4. 扩展性

综合布线系统（包括材料、部件、通信设备等设施）严格遵循国际国内标准，因此，无论计算机设备、通信设备、控制设备随技术如何发展，将来都可以很方便地将这些设备连接到系统中去。系统采用光纤和双绞线作为传输介质，为不同应用提供了合理的选择空间。语音主干系统采用的线缆，既可作为话音的主干，也可作为数据主干的备份。数据主干采用光缆，其较高的带宽为多路实时多媒体信息传输留有足够余量。

5. 可靠性

综合布线系统最根本的特点是可靠性高。它在网络体系结构中是最底层，是物理布线，与物理布线直接相关的是数据链路层，即网络的逻辑拓扑结构。而网络层和应用层与物理布线完全不相关，即网络传输协议、网络操作系统、网络管理软件及网络应用软件等与物理布线相互独立。每条信息通道都采用物理星形拓扑结构，点到点端接，任何一条线路故障均不影响其他线路的运行，为线路的运行维护及故障检修提供了极大的方便，从而保障了系统的可靠运行。

6. 经济性

综合布线系统综合各种应用统一布线，提高了全系统的性能价格比。在确定建筑物或建筑群的功能与需求以后，规划能适应智能化发展要求的相应的综合布线系统设施和预埋管线，防止今后增设或改造时造成工程重复和资金浪费。

三、综合布线系统的组成

我国现行《综合布线系统工程设计规范》（GB 50311—2016），综合布线系统（GCS）包括工作区、配线子系统、干线子系统、建筑群子系统、设备间、进线间、管理等七个部分，简记为“三子（系统）”“两间”“一区一管理”。为了岗位训练和教学需要，本书将综合布线系统按照7个子系统介绍，如图1-1所示。

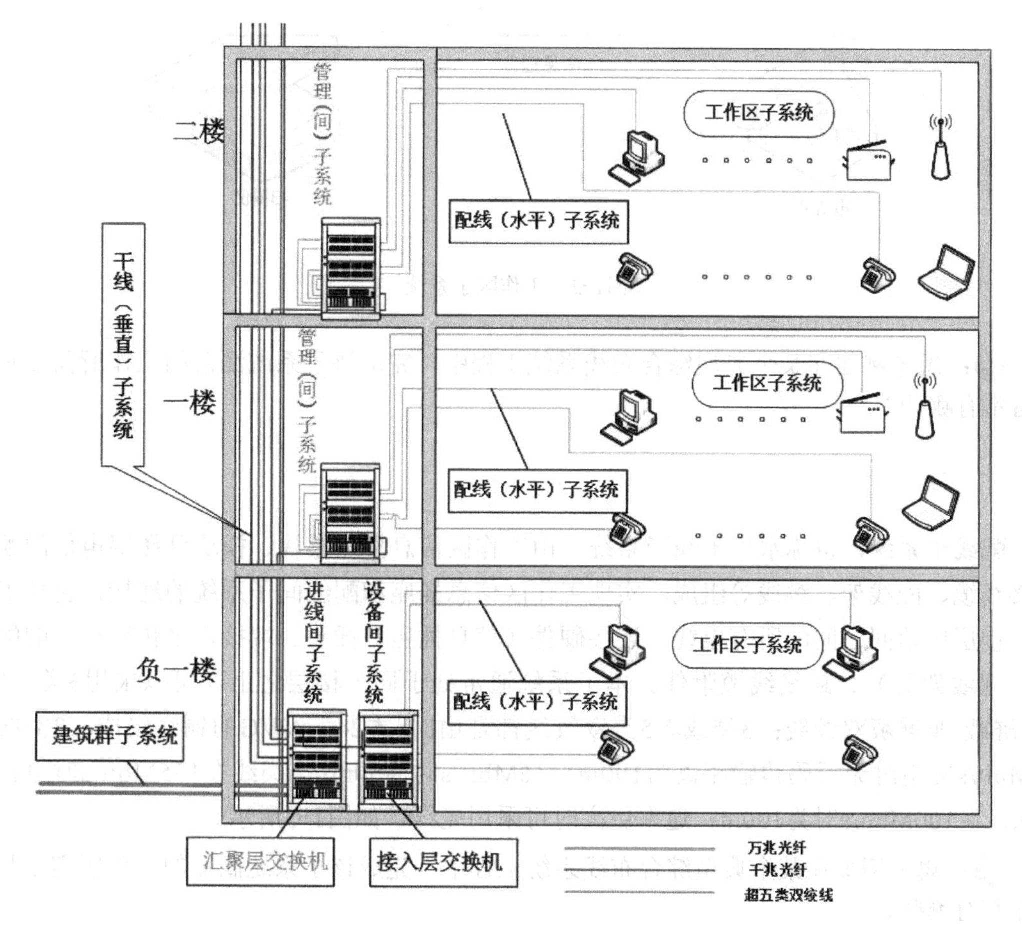

图1-1　综合布线系统7个组成部分

1. 工作区子系统（Work Area Subsystem）

工作区子系统由配线子系统的信息插座模块（TO）延伸到终端设备处的连接缆线及适配器组成，包括连接器、连接跳线、信息插座，其中信息插座包括墙面型、地面型、桌面型等，有RJ—45、RJ—11及单口、双口、多口等多种标准结构。常用的终端设备包括计算机、电话机、传真机、报警探头、摄像机、监视器、各种传感器件、音响设备等，如图1-2所示。

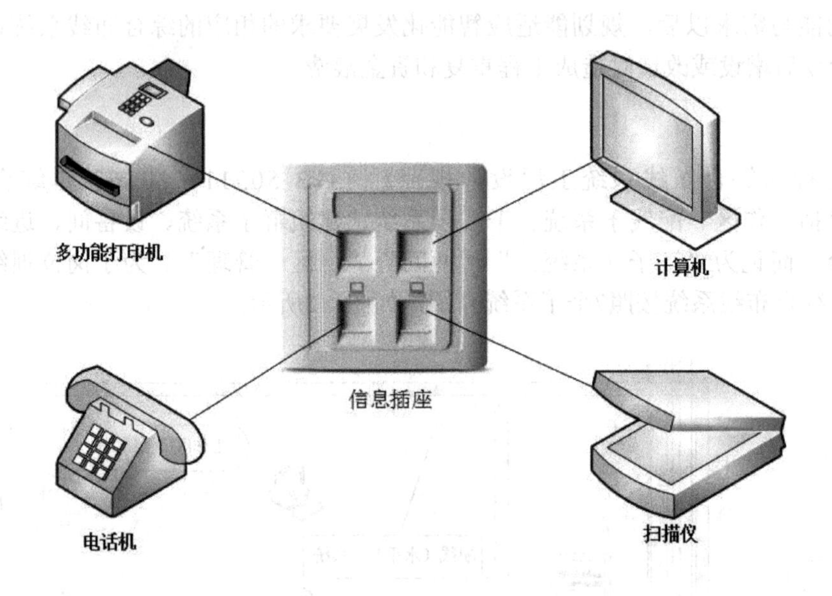

图1-2　工作区子系统

?：思考例如在某个典型综合布线系统工程中，完成该子系统涵盖的工作所需工具和设备都有哪些？

2. 配线子系统（Horizontal Subsystem）

配线子系统，也称水平干线子系统。由工作区信息插座模块、模块到楼层电信间配线连接线缆、配线架、跳线等组成。实现工作区信息插座和配线间子系统的连接，包括工作区与楼层电信间之间的所有电缆、连接硬件（信息插座、插头、端接水平传输介质的配线架、理线架等）、跳线线缆附件。本子系统通常处于同一楼层之上，可以采用3类、5类4对屏蔽/非屏蔽双绞线；3类或者5类双绞线都是由8根本24—AWG的铜线组成；3类线在10Mbit/s应用时无误码传输距离为100m、16Mbit/s时为50m；5类线在155Mbit/s时可传输80m、在100Mbit/s时为100m；速率更高时可采用光纤，如图1-3所示。

?：思考例如在某个典型综合布线系统工程中，完成该子系统涵盖的工作所需工具和设备都有哪些？

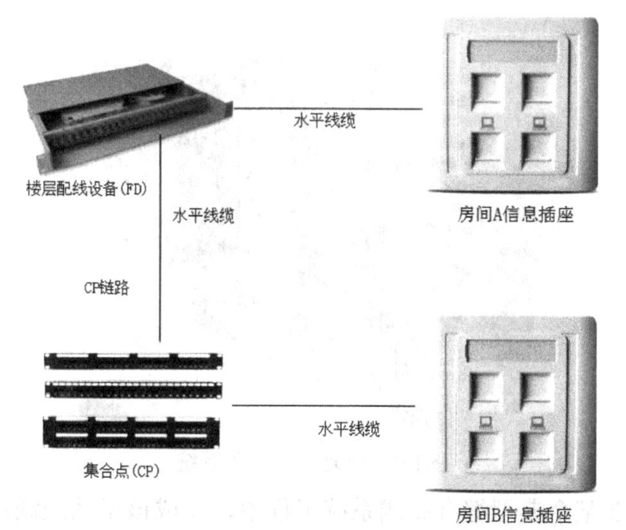

图1-3　配线（水平）子系统

3. 干线子系统（Backbone Cabling Subsystem）

干线子系统，也称垂直子系统，指连接楼层电信配线设备和设备间配线设备的建筑物干线电缆，是建筑物网络中枢，实现主配线架与中间配线架，计算机、PBX、控制中心与管理子系统的连接，该子系统由所有的布线电缆（或光缆）以及连接支撑硬件组合而成。干线传输电缆的设计必须既满足当前的需要，又能满足今后的发展。在确定垂直干线子系统所需要的电缆总对数之前，必须确定电缆中语音和数据信号的共享原则，如图1-4所示。

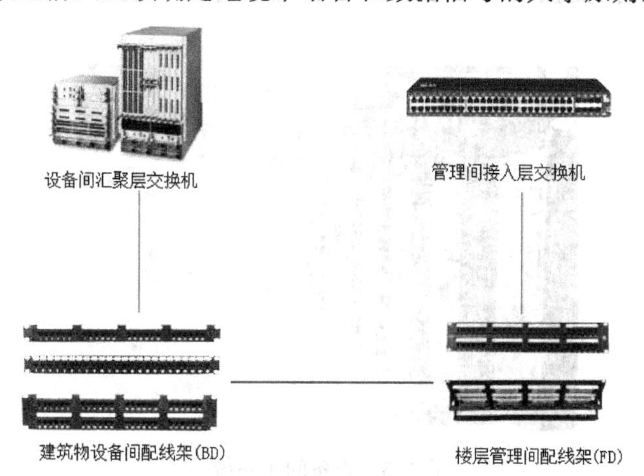

图1-4　干线（垂直）子系统

?：思考例如在某个典型综合布线系统工程中，完成该子系统涵盖的工作所需工具和设备都有哪些？

4. 管理子系统（Administration Subsystem）

管理子系统也称为管理间子系统，因其设备设置在每层配线设备的房间内。管理子系统由管理间的配线设备、输入/输出设备等组成。管理间为连接干线（垂直）子系统和配线（水平）子系统提供设备，其主要设备是配线架、HUB和机柜、电源、网络设备等，如

图1-5所示。

图1-5　管理（间）子系统

❓：思考例如在某个典型综合布线系统工程中，完成该子系统涵盖的工作所需工具和设备都有哪些？

5. 设备间子系统（Equipment Subsystem）

设备间在实际应用中一般指一栋建筑物（大楼）的网络中心或者机房。在每栋建筑物适当地点进行网络管理和信息交换的场地，称之为建筑物内外通信交汇点。其位置和大小应该根据综合布线系统分布、规模以及设备的数量来具体确定，通常由电缆、连接器和相关支撑硬件组成，通过线缆把各种公用系统设备互联起来。主要设备有计算机、服务器、防火墙、路由器、程控交换机、楼宇自控设备主机等，它们可以放在一起，也可分别设置，如图1-6所示。

图1-6　设备间子系统

❓：思考例如在某个典型综合布线工程中，完成该子系统涵盖的工作所需工具和设备都有哪些？

6. 进线间子系统（Receive The Space Subsystem）

进线间是建筑物外部通信和信息管线的入口部位，并可作为入口设施和建筑群配线设备的安装场地。GB 50311—2016要求在建筑物前期系统设计中要有进线间，满足多家运营商业务需要，避免一家运营商自建进线间后独占该建筑物的宽带接入业务。进线间一般通过地埋管线进入建筑物内部，通常在土建阶段即实施。

?：思考例如在某个典型综合布线工程中，完成该子系统涵盖的工作所需工具和设备都有哪些？

7. 建筑群子系统（Campus Subsystem）

建筑群子系统也称为楼宇子系统，主要实现楼与楼之间的通信连接，一般采用光缆并配置相应设备，它支持楼宇之间通信所需的硬件，包括线缆、端接设备和电气保护装置，如图1-7所示。

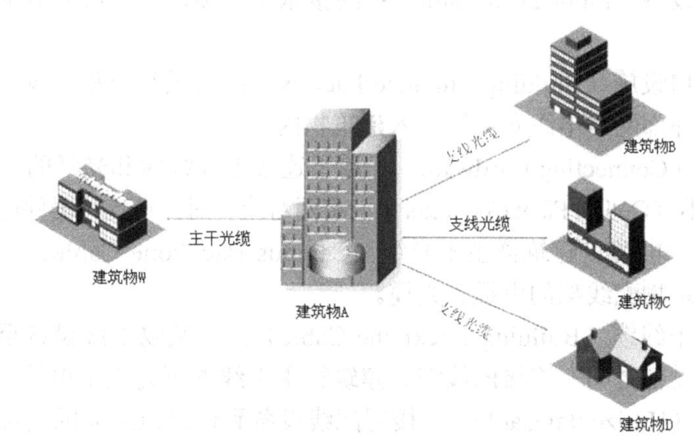

图1-7　建筑群子系统

?：思考例如在某个典型综合布线系统工程中，完成该子系统涵盖的工作所需工具和设备都有哪些？

链接2　综合布线系统常用术语

信息网络综合布线，要求规范使用技术用语符号和名词，便于制订和实施工程方案。

一、常用术语

1）布线（Cabling）：能够支持信息电子设备相连的各种线缆、跳线、接插软线和连接器件组成的系统。

2）建筑群子系统（Campus Subsystem）：由配线设备、建筑物之间的干线电缆或光缆、设备线缆、跳线等组成的系统。

3）电信间（Telecommunications Room）：放置电信设备、电缆和光缆终端配线设备并进行线缆交接的专用空间。

4）工作区（Work Area）：需要设置终端设备的独立区域。

5）信道（Channel）：连接两个应用设备的端到端的传输通道。信道包括设备电缆、设备光缆和工作区电缆、工作区光缆。

6）链路（Link）：一个CP链路或是一个永久链路。

7）永久链路（Permanent Link）：信息点与楼层配线设备之间的传输线路。它不包括工作区线缆和连接楼层配线设备的设备线缆、跳线，但可以包括一个CP链路。

8）集合点（CP，Consolidation Point）：楼层配线设备与工作区信息点之间水平线缆路由中的连接点。

9）CP链路（Cp Link）：楼层配线设备与集合点（CP）之间，包括各端的连接器件在内的永久性的链路。

10）建筑群配线设备（Campus Distributor）：终接建筑群主干线缆的配线设备。

11）建筑物配线设备（Building Distributor）：建筑物主干线缆或建筑群主干线缆终接的配线设备。

12）楼层配线设备（Floor Distributor）：终接水平电缆水平光缆和其他布线子系统线缆的配线设备。

13）建筑物入口设施（Building Entrance Facility）：提供符合相关规范机械与电气特性的连接器件，使得外部网络电缆和光缆引入建筑物内。

14）连接器件（Connecting Hardware）：用于连接电线缆对和光纤的一个或一组器件。

15）光纤适配器（Optical Fibre Connector）：将两对或一对光纤连接器件进行连接的器件。

16）建筑群主干电缆、建筑群主干光缆（Campus Backbone Cable）：在建筑群内连接建筑群配线架与建筑物配线架的电缆、光缆。

17）建筑物主干线缆（Building Backbone Cable）：建筑物配线设备至楼层配线设备及建筑物内楼层配线设备之间相连接的线缆。建筑物主干线缆可为主干电缆和主干光缆。

18）水平线缆（Horizontal Cable）：楼层配线设备到信息点之间的连接线缆。

19）永久水平线缆（Fixed Horizontal cable）：楼层配线设备到CP的连接线缆，如果链路中不存在CP点，则为直接连至信息点的连接线缆。

20）CP线缆（Cp Cable）：连接集合点（CP）至工作区信息点的线缆。

21）信息点（TO，Telecommunications Outlet）：各类电缆或光缆终接的信息插座模块。

22）设备电缆、设备光缆（Equipment Cable）：通信设备连接到配线设备的电缆、光缆。

23）跳线（Jumper）不带连接器件或带连接器件的电线缆对与带连接器件的光纤，用于配线设备之间进行连接。

24）线缆（包括电缆、光缆）（Cable）：在一个总的护套里，由一个或多个同一类型的线缆线对组成，并可包括一个总的屏蔽物。

25）光缆（Optical Cable）：由单芯或多芯光纤构成的线缆。

26）电缆、光缆单元（Cable Unit）：型号和类别相同的电线缆对或光纤的组合。电线缆对可有屏蔽物。

27）线对（Pair）：一个平衡传输线路的两个导体，一般指一个对绞线对。

28）平衡电缆（Balanced Cable）：由一个或多个金属导体线对组成的对称电缆。

29）屏蔽平衡电缆（Screened Balanced Cable）：带有总屏蔽和/或每组线对均有屏蔽物的平衡电缆。

30）非屏蔽平衡电缆（Unscreened Balanced Cable）：不带有任何屏蔽物的平衡电缆。

31）接插软线（Patch Calld）：一端或两端带有连接器件的软电缆或软光缆。

32）多用户信息插座（Muiti-user Telecommunications Outlet）：在某一地点，若干信息插座模块的组合。

33）交接（交叉连接）（Cross-Connect）：配线设备和信息通信设备之间采用接插软

线或跳线上的连接器件相连的一种连接方式。

34）互连Interconnect：不用接插软线或跳线，使用连接器件把一端的电缆、光缆与另一端的电缆、光缆直接相连的一种连接方式。

35）安装通道：布放综合布线线缆的各种管网、电缆桥架、线槽等布线空间的统称。

36）安装空间：安装各种设备所需的房间或场地的统称。

二、常用缩略词与符号

常用缩略词与符号见表1-1。

表1-1 常用缩略词与符号表

英文缩写	英文名称	中文名称或解释
ACR	Attenuation to crosstalk Ratio	衰减串音比
BD	Building Distributor	建筑物配线设备
CD	Campus Distributor	建筑群配线设备
CP	Consolidation Point	集合点
dB	dB	电信传输单元：分贝
d.c.	Direct. Current.	直流
EIA	Electronic Industries Association	美国电子工业协会
ELFEXT	Equal-level far-end crosstalk attenuation	等电平远端串音衰减
FD	Floor Distributor	楼层配线设备
FEXT	Far-end crosstalk attenuation	远端串音衰减（损耗）
IEC	International Electrotechnical Commission	国际电工委员会
IEEE	The Institute of Electrical and Electronics Engineers	美国电气及电子工程师学会
IL	Insertion LOSS	插入损耗
IP	Internet Protocol	因特网协议
ISDN	Integrated Services Digital Network	综合业务数字网
ISO	International Organization for Standardization	国际标准化组织
LCL	Longitudinal to differential conversion LOSS	纵向对差分转换损耗
OF	Optical Fibre	光纤
PS NEXT	Power sum NEXT attenuation	近端串音功率和
PSACR	Power sum ACR	ACR功率和
PS ELFEXT	Power sum ELFEXT attenuation	等电平远端串音衰减功率和
RL	Return LOSS	回波损耗
SC	Subscriber Connector（optical fibre connector）	用户连接器（光纤连接器）
SFF	Small form factor connector	小型连接器
TCL	Transverse conversion LOSS	横向转换损耗
TE	Terminal Equipment	终端设备
TIA	Telecommunications Industry Association	美国电信工业协会
UL	Underwriters Laboratories	美国保险商实验所安全标准
Vr.m.s	Vroot.mean.square	电压有效值

链接3　综合布线常用名词

1. 数位（bit，位）

计算机运算中传输存储数据的最小单位。在二进制数系统中，每个“1”或“0”就是一个bit位。

2. 字节（byte）

8位二进制数称为1个字节。即8个“1”或“0”，1byte=8 bit。

3. 字（word）

二个字节组合为一个字，1word=2byte。

4. 数据传输速率

数据传输速率就是指每秒传送的二进制脉冲的信息量，其单位通常为bit/s，衡量的是线路传送信息的能力。

通道的频率是衡量单位时间内线路电信号的振荡次数，而单位时间内线路传输的二进制位的数量由单位时间内线路中电信号的振荡次数与电信号每次振荡所携带二进制位（bit）的数量（信号编码效率）来决定。

5. 带宽

传输介质的带宽定义为介质所能携带的信息的容量，用MHz表示，表示介质所支持的频率范围，传输通道的带宽与数据传输速率的关系类似于高速公路上行车道数量与车流量的关系。

6. 特性阻抗

特性阻抗定义为通信电缆对电流的总抵抗力，用欧姆作计量单位。所有的铜质通信电缆都有一个确定的特性阻抗指标。一种通信电缆的特性阻抗指标是该电缆的导线直径和覆盖在电缆导线外面的绝缘材料的电介质常数的函数。

UTP电缆的特性阻抗指标为100Ω±15%，RG—58电缆的特性阻抗指标为50Ω±1%，RG-59电缆的特性阻抗指标为75Ω±1%。

7. 阻抗匹配

设备的特性阻抗必须与通信电缆的特性阻抗指标相匹配。通信电缆与通信设备的错误匹配会导致信号反射。阻抗不匹配会导致电缆或局域网电路中的信号反射。设备与线缆阻抗不匹配时必须使用一种阻抗匹配部件，比如用介质滤波器来消除信号反射。

8. 平衡电缆和非平衡电缆

同轴电缆属于非平衡电缆，就是说中心导线和电缆屏蔽层的电气特性是不相等的。 双绞线电缆属于平衡电缆，即电线缆对中的两根导体对地具有相同的电压。平衡电缆支持差分信令，更适合于传输通信信号。

9．电磁干扰

噪声也称为电磁干扰（EMI）。电气和电子系统共用的空间。许多这样的系统会产生操作频率相同或者有部分频率重叠的信号，在相同频率范围内操作的系统之间，或者在类似频率范围内部分重叠的系统之间，将会互相干扰。

EMI源分为人工干扰源和自然干扰源，在铜质通信电缆中传输的信号很容易受噪声的影响。EMI可以通过电感、传导和耦合等方式进入通信电缆。

铜质通信电缆必须防止EMI的影响，可以运用适当的安装技术，或者运用一种屏蔽电缆来阻挡有害的信号进入。

10．电磁兼容性

电磁兼容性是指设备或者设备系统在正常情况下运行时，不会产生干扰或者扰乱其他在相同空间或者环境中的设备或者系统的信号的能力。

电磁兼容具有两个方面：放射和免疫。

11．分贝（deciBel，dB）是一种标准信号强度度量单位

它用来衡量两个信号之间的比例或差别，例如，输入信号和输出信号的间隔差别。人类的耳朵是种非常敏感的器官，它能够感受到的最小的分贝值变化是1dB。

人类习惯了周围时时刻刻都有噪音。一个相对安静的环境的噪声数为55dB；吵闹的环境的噪声级数大概是70dB；当噪声级数达到90dB或更高值时，就会对人的听力造成伤害。

分贝是一个对数形式度量标准，dB=10lg（P1/P2）。

分贝是常用的度量通信电缆信号强度的单位。在综合布线测试验收中分贝用于衡量衰减、近端串音（NEXT）、近端串音功率和（PS NEXT）、等电平远端串音衰减（ELFEXT）、等电平远端串音衰减功率和（PS ELFEXT）、串音衰减比率（ACR）和回波损耗（RL）等电气性能指标。

链接4　综合布线系统标准

一、北美主要标准TIA/EIA-568系列

北美主要标准从TIA/EIA-568发展到TIA/EIA-568A，直至今天的TIA/EIA-568B，下面以此标准为依据进行介绍。

ANSI/TIA/EIA 568—B.1：Commercial Building Telecommunications Cabling Standard（商业建筑通信布线系统标准）第一部分：一般要求。这个标准着重于水平和主干布线拓扑、距离、介质选择、工作区连接、开放办公布线、电信与设备间、安装方法，以及现场测试等内容。

ANSI/TIA/EIA 568—B.2：Commercial Building Telecommunications Cabling Standard（商业建筑通信布线系统标准）第二部分：平衡双绞线布线系统。这个标准着重于平衡双绞线电缆、跳线、连接硬件（包括ScTP和150Ω的STP—A器件）的电气和机械性能规范，以及部件可靠性测试规范，现场测试仪性能规范，实验室与现场测试仪比对方法等内容。

ANSI/TIA/EIA 568—B.3：Commercial Building Telecommunications Cabling Standard（商业建筑通信布线系统标准）第三部分：光纤布线部件标准。这个标准定义光纤布线系统的部件和传输性能指标，包括光缆、光跳线和连接硬件的电气与机械性能要求，器件可靠性测试规范，现场测试性能规范。该标准将取代ANSI/TIA/EIA 568—A中的相应内容。

二、国际标准ISO/IEC 11801

国际标准ISO/IEC 11801全称信息技术—用户基础设施结构化布线，是由国际标准化组织ISO/IEC JTC1 SC25委员会负责编写和修订的。双绞线以及光缆布线的性能等级和传输距离等都在该标准中有了明确的阐述。

目前ISO/IEC 11801有以下版本：1995第1版、2002第2版 2008第2版增补一、2010第2版增补二。ISO/IEC 11801除了针对传统的商用楼宇，如租用型办公楼、自用型办公楼以外，还包含了对工业建筑、居民住宅建筑、数据中心的结构化布线的设计及传输介质应用等级的描述。ISO/IEC 11801目前正在修订第3版（Edition 3），致力于将原先分散的多部结构化布线标准，包含ISO/IEC 24702工业部分、ISO/IEC 15018家用布线、ISO/IEC 24764数据中心整合到一部完整的、通用的结构化布线标准，同时新加入了针对无线网、楼宇自控、物联网等楼宇内公共设施结构化布线设计。ISO/IEC 11801的第3版目前已形成了第二个报审版。

铁路及信道等级可以通过相应等级的双绞线或光缆与连接器组成，对应的等级如下：

1. 铜缆等级

Cat 1（一类）：支持带宽到100kHz的线缆及连接器。
Cat 2（二类）：支持带宽到1MHz的线缆及连接器。
Cat 3（三类）：支持带宽到16MHz的线缆及连接器。
Cat 5（也常称Category 5E，超五类）：支持带宽到100MHz的线缆及连接器。
Cat 6（六类）：支持带宽到250MHz的线缆及连接器。
Cat 6A（超六类）：支持带宽到500MHz的线缆及连接器。
Cat 8.1（草案，TIA也称Category 8）：30m范围内支持带宽到2000MHz的线缆及连接器。
Cat 7（七类）：支持带宽到600MHz的线缆及连接器。
Cat 7A（超七类）：支持带宽到1000MHz的线缆及连接器。
Cat 8.2（草案）：30m范围内支持带宽到2000MHz的线缆及连接器。

2. 光缆等级

标准同时定义了多个光纤光缆等级：
OM1多模光缆：多模光纤类型62.5μm，在850nm支持模态带宽200MHz・km。
OM2多模光缆：多模光纤类型50μm，在850nm支持模态带宽500MHz・km。
OM3多模光缆：多模光纤类型50μm，在850nm支持模态带宽2000MHz・km。
OM4多模光缆：多模光纤类型50μm，在850nm支持模态带宽4700MHz・km。
OS1单模光缆：单模光纤类型9μm，支持衰减1dm/km。
OS2单模光缆：单模光纤类型9μm，支持衰减0.4dm/km。

三、欧洲标准 EN 50173

与国际标准ISO/IEC 11801是一致的。但是EN 50173比ISO/IEC 11801严格，它更强调电磁兼容性，提出通过线缆屏蔽层，使线缆内部的双绞线对在高带宽传输的条件下，具备更强的抗干扰能力和放辐射能力。

四、中国标准

《综合布线系统工程设计规范》（GB 50311—2016），《综合布线系统工程验收规范》

（GB/T 50312—2016）。国际国内标准对照见表1-2。

表1-2　国际国内标准对照

	国际布线标准	欧洲布线标准	北美布线标准	中国布线标准
综合布线系统性能、系统设计	ISO/IEC 11801—2002 ISO/IEC 61156—5 ISO/IEC 61156—6	EN 50173—2000 EN 50173—2002	ANSI/TIA/EIA 568—A ANSI/TIA/EIA 568—B ANSI/TIA/EIA TSB 67—1995 ANSI/TIA/EIA/IS 729	GB 50311—2016 GB 50373—2006 YD/T926.1/T926.2/T926.3—2001
安装、测试和管理	ISO/IEC 14763—1 ISO/IEC 14763—2 ISO/IEC 14763—3	EN 50174—2000	ANSI/TIA/EIA 569 ANSI/TIA/EIA 606 ANSI/TIA/EIA 607	GB/T 50312—2016 GB 50374—2006 YD/T 1013—1999
部件	ISO/IEC 61156等 ISO/IEC 6	EN 50288-X-X等	ANSI/TIA/EIA 455—2002	GB/T 9771.1—2000 YD/T 1092—2001
防火测试	ISO/IEC 60332 ISO/IEC 1034—1/2	NEC—713	UL 910 NEPA 262—1999	GB/T 18380—2001 GB 12666—1990

学习任务2　综合布线系统结构

学习目的

掌握信息网络系统主要部件表述，网络结构及建构方法，能绘制结构图。

链接1　综合布线系统主要部件表述

按照综合布线系统（GCS）组成划分，《综合布线系统工程设计规范》（GB 50311—2016）中明确了综合布线系统各组成部件的具体表述。

一、综合布线采用的主要布线部件的述语表达与字母

建筑群配线架（CD）
建筑群干线电缆、建筑群干线光缆
建筑物配线架（BD）
建筑物干线电缆、建筑物干线光缆
楼层配线架（FD）
水平电缆、水平光缆
转接点（选用）（TP）
信息插座（IO）
通信引出端（TO）

二、综合布线系统7个子系统的连接

GB 50311—2016中规定，工作区、配线子系统、干线子系统、设备间子系统、管理和

建筑群子系统、进线间7部分作系统连接时，建筑群主配线架CD到通信引出端TO（或工作区终端IO），允许两次配线转接，如图1-8所示。

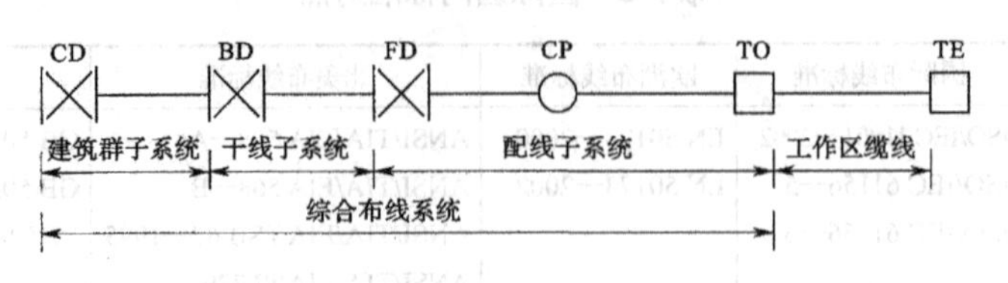

图1-8　综合布线系统7部分连接

1. 建筑群子系统

一般情况下，建筑群子系统宜采用光缆。建筑群干线电缆/光缆也可用来直接连接2个建筑物的配线架。

2. 干线子系统

建筑物干线电缆、光缆应直接端接到有关的楼层配线架，中间不应有集合点或接头。

3. 引入部分构成

GB 50311—2016中规定了综合布线进线间的入口设施及引入线缆构成如图1-9所示。其中对设置了设备间的建筑物，设备间所在楼层的FD可以和设备间中的BD/CD及入口设施安装在同一场地。

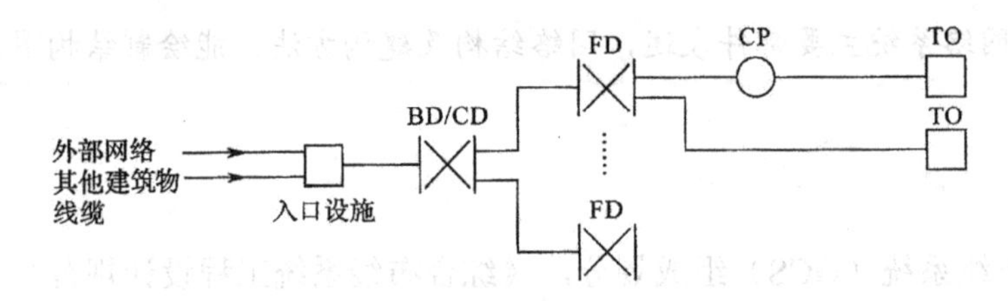

图1-9　综合布线进线间的入口设施及引入线缆构成

链接2　综合布线网络结构

综合布线系统网络结构采用星形拓扑结构，该结构使每个分支子系统都是相对独立的单元，对每个分支单元系统改动都不影响其他子系统。只要改变结点连接就可使网络结构在星形、总线型、环形等各种类型间进行转换。

开放式星形结构能支持当前普遍采用的各种计算机网络系统，如以太网、快速以太网、吉比特以太网、万兆位以太网、光纤分布数据接口FDDI、令牌环网（Token Ring）等。

综合布线系统要求整个布线系统的干线电缆或光缆的交接次数一般不应超过两次，即从楼层配线架到建筑群配线架之间，只允许经过一次配线架，成为FD—BD—CD的结构形式。这是采用两级干线系统（建筑物干线子系统和建筑群子系统）进行布线的情况。如果没有建筑群配线子系统，而只有一次交接，则成为FD—BD的结构形式。这是采用一级干线系统（建筑物干线子系统）的布线。

建筑物配线架至每个楼层配线架的建筑物干线子系统的干线电缆或光缆一般采取分别独立供线给各个楼层的方式，从而使各个楼层之间无线缆连接关系。

一、综合布线系统两级星形网络拓扑结构

这种结构是在大楼设备间放置BD、楼层电信间（配线间）放置FD的结构，每个楼层配线架FD连接若干个信息点TO，也就是传统的两级星型拓扑结构，如图1-10所示。它是单幢建筑物综合布线系统的基本形式。

二、树形（三级星形）网络拓扑结构

以建筑群CD为中心，若干建筑物配线架BD为中间层，相应的有再下一层的楼层配线架和配线子系统，构成树形网络拓扑结构，也就是常用的三级星形拓扑结构，结构图如图1-11所示。这种形式在智能小区中经常使用，其综合布线系统的建设规模较大，网络结构也较复杂。

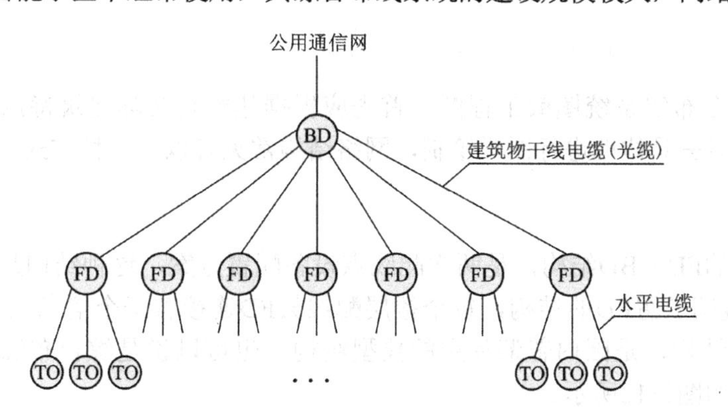

图1-10　两级星形拓扑结构

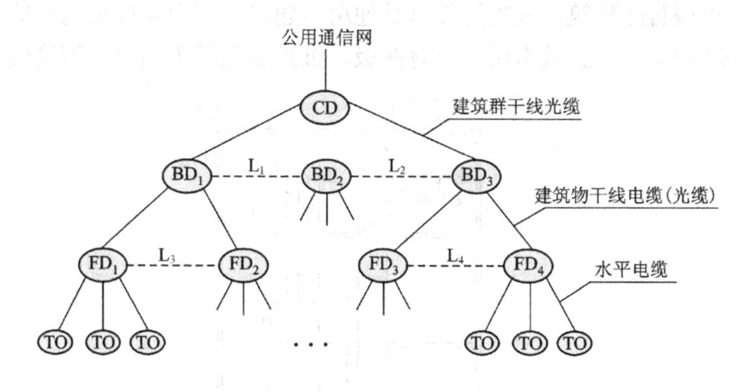

图1-11　三级星形拓扑结构

三、综合布线系统网络拓扑结构主要部件

1）CD设置于建筑群中处于中心位置的某一建筑物的设备间（内置了BD和CD的配线设备，只是在模块上加以区别）。CD的安装地点主要考虑到建筑群主干线缆的传输路由距离和管理的方便，可以设置于设备间和进线间。

2）BD设置于建筑物内的设备间。一般语音和数据的设备间是公用的，但也有分开设置的。语音的BD设备间通常考虑设于大楼的底层，而数据的设备间则处于大楼的中间位置。

3）FD设置于楼层的电信间内。在土建行业中习惯将配线设备在楼层的安放场地称为楼层的弱电间或配线间，国外的标准称为电信间。

4）TO为光/电信息模块，设置于各个工作区内。

学习任务3　信息网络综合布线系统图绘制

学习目的

熟悉信息网络结构的不同方式，工程图样功能，会绘制综合布线系统图。

链接1　信息网络综合布线系统结构方式

信息网络综合布线系统图或工程图，首先应根据建筑物实际建筑特点，选择适宜的网络结构方式，才能去具体地进行图样绘制，网络结构常见有以下几种方式。

一、两次配线点结构方式

建筑物标准的FD—BD结构，是两次配线点设备配置方案，这种结构是在大楼设备间放置BD、楼层配线间放置FD的结构，每个楼层配线架FD连接若干个信息点TO，也就是传统的两级星形拓扑结构，是国内普遍使用的典型结构，也可以说是综合布线系统基本的设备配置方案之一，如图1-12所示。

这种结构只有建筑物子系统和配线子系统，不会设置建筑群子系统和建筑群配线架，主要适用于单幢的中、小型智能建筑，其附近没有其他房屋建筑，不会发展成为智能建筑群体。这种结构具有网络拓扑结构简单，且较常用，只有两级，维护管理较为简单，调度较灵活等优点。

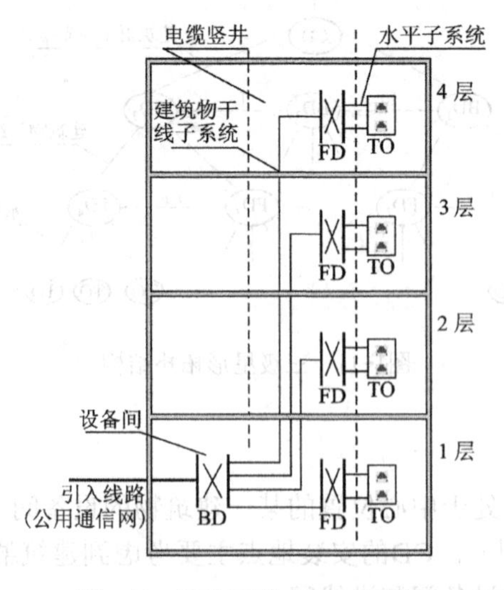

图1-12　两次配线点FD-BD结构

二、一次配线点结构方式

建筑物FD/BD结构，是一次配线点设备配置方案，这种结构是大楼没有楼层配线间，只配置建筑物配线架（BD），将建筑物子系统和配线子系统合二为一，线缆从BD直接连接到信息点（TO），如图1-13所示。它主要适用于以下场合：

1）建设规模很小，楼层层数不多，且其楼层平面面积不大的单幢智能建筑。

2）用户的信息业务要求（数量和种类）均较少的住宅建筑。

3）别墅式的低层住宅建筑。

4）TO至BD之间电缆的最大长度不超过90m的场合。

5）当建筑物不大但信息点很多时，且TO至BD之间电缆的最大长度不超过90m，采用这种结构便于管理维护和减少对空间占用。例如，高校旧学生宿舍楼综合布线系统，每层楼信息点很多，而旧大楼大多在设计时没有考虑综合布线系统，如果占用房间作楼层配线间，势必占用宿舍资源。

这种结构具有网络拓扑结构简单，只有一级；设置配置数量最少，降低工程建设费用和维护开支；维护工作和人为故障机会均有所减少等优点。但灵活调度性差，使用有时不便。高层房屋建筑和楼层平面面积很大的建筑均不适用。

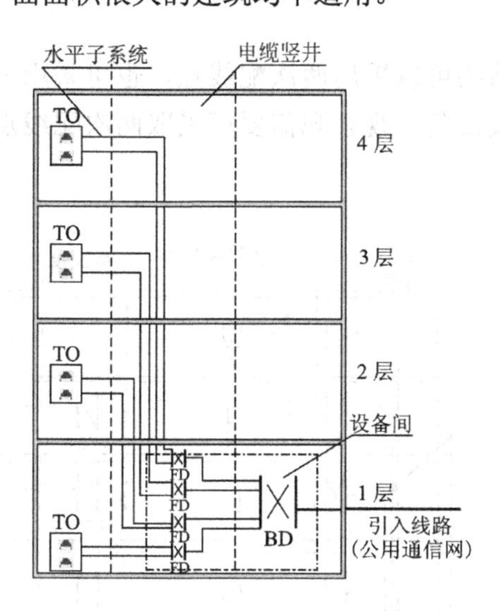

图1-13　一次配线点FD-BD结构

三、共用楼层配线间结构方式

建筑物FD—BD共用楼层配线间结构，实质是两次配线点设备配置方案（中间楼层供给相邻楼层）。根据每个楼层需要进行配置楼层配线架（FD），采取每2～4个楼层设置FD，分别供线给相邻楼层的信息点TO，要求所有最远的TO到FD之间的水平线缆的最大长度不应超过90m的限制，如超过则不应采用本方案，如图1-14所示。

这种方案主要适用于单幢的中型智能建筑中因其楼层面积不大，用户信息点数量不多或因各个楼层的用户信息点分布极不均匀，有些楼层用户信息点数量极少（如地下室），为了简化网络结构和减少接续设备，可以采取这种结构的设备配置方案。但在智能建筑中用户信息点分布均匀且较密集的场合不应使用。

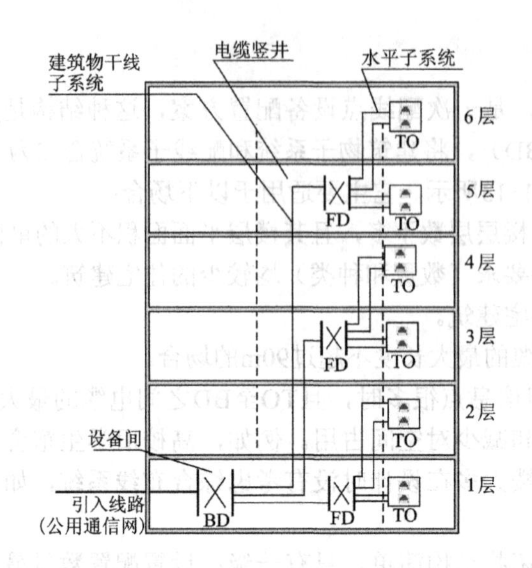

图1-14　共用楼层配线间FD-BD结构

四、建筑物FD－FD－BD结构方式

建筑物FD－FD—BD结构可以采用两次配线点，也可采用三次配线点。这种结构需要设置二级交接间和二级交接设备，视客观需要可采取两次配线点或三次配线点，如图1-15所示。这里有两种方案。

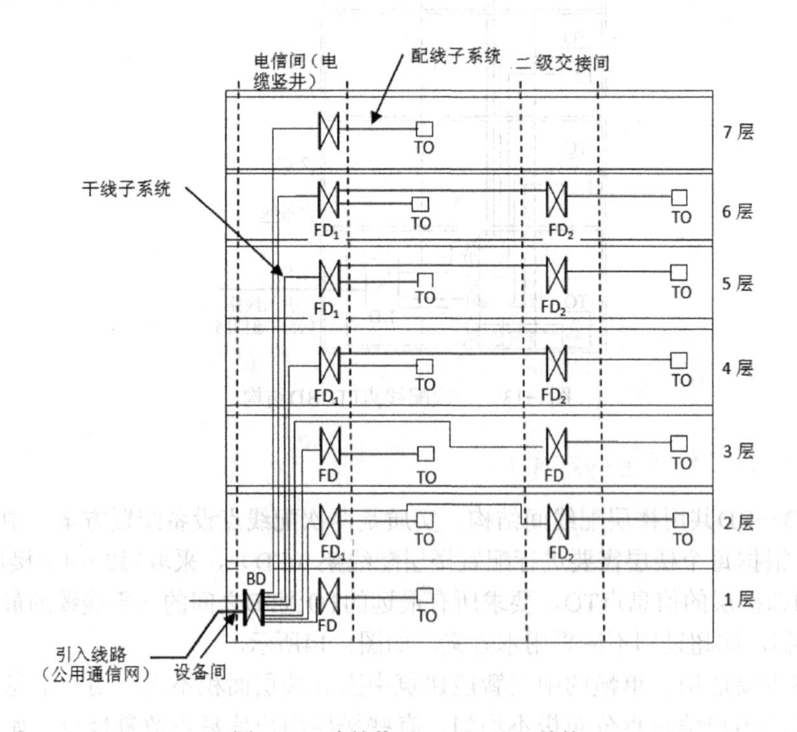

图1-15　建筑物FD－FD－BD结构

1）第3层楼层为两次配线点，建筑物干线子系统的线缆直接连到二级交接间的FD上，

不经过干线交接间的FD，这种方案为两次配线点。

2）第2、4、5、6层楼层为三次配线点，建筑物干线子系统的线缆均连接到干线交接间的FD_1，然后再连接到二级交接间的FD_2，形成三次配线点的方案。

这种结构适用于单幢大、中型的智能建筑，楼层面积较大（超过$1000m^2$）或用户信息点较多，但受干线交接面积较小，无法装设容量大的配线设备等限制的场合。这种结构分散了安装线缆和配线设备，增加安全可靠性，容易分隔故障，有利于配线和维修，但要求楼层中应设置有二级交接间。

五、建筑物FD-BD-CD综合结构方式

建筑物FD—BD—CD综合结构是三次配线点设备配置方案，在建筑物的中心位置设置建筑群配线架（CD），各分座分区建筑物中设置建筑物配线设备（BD）。建筑群配线架（CD）可以与所在建筑中的建筑物配线架合二为一，各个分区均有建筑群子系统与建筑群配线架（CD）相连，各分区建筑物干线子系统、配线子系统及工作区布线自成体系，如图1-16所示。

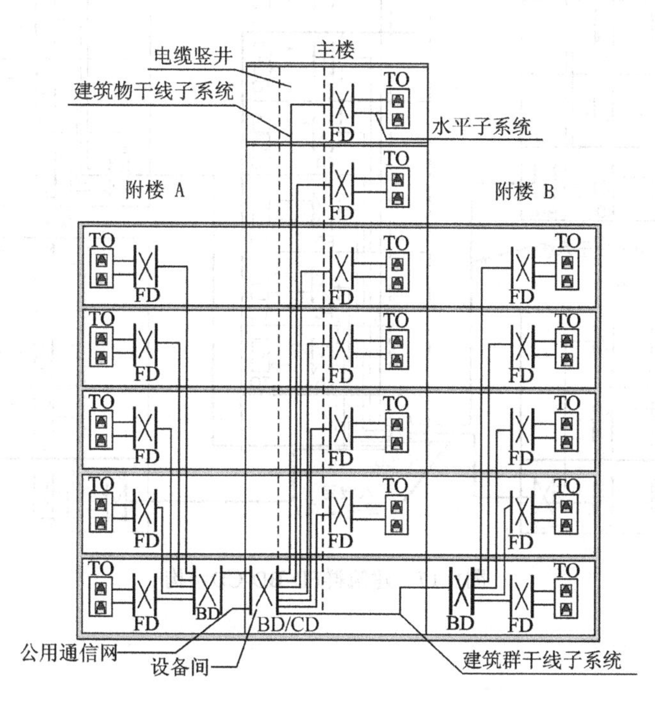

图1-16　三次配线点综合建筑物FD—BD—CD结构

这种结构适用于单幢大型或特大型的智能建筑，即当建筑物是主楼带附楼结构，楼层面积较大，用户信息点数量较多时，可将整幢智能建筑进行分区，将各个分区视为多幢建筑物组成的建筑群。建筑物中的主楼、裙楼A和裙楼B被视作多幢建筑，在主楼设置建筑群配线架，在裙楼A和裙楼B的适当位置设置建筑物配线架（BD），主楼的建筑物配线架（BD）可与建筑群配线架（CD）合二为一，这时该建筑物包含有在同一建筑物内设置的建筑群子系统。

这种结构具有线缆和设备合理配置，既有密切配合又有分散管理，便于检修和判断故

障，网络拓扑结构较为典型，可调度使用，灵活性较好等优点。

六、建筑群FD-BD-CD结构方式

这种结构适用于建筑物数量不多、小区建设范围不大的场合。选择位于建筑群中心的建筑物作为各建筑物通信线路和对公用通信网络连接的汇接点，并在此安装建筑群配线架（CD），建筑群配线架（CD）可与该建筑物的建筑物配线架（BD）合设，达到既能减少配线接续设备和通信线路长度，又能降低工程建设费用的目的。各建筑物中装设建筑物配线架（BD）作为中间层，敷设建筑群子系统的主干线路并与建筑群配线架（CD）相连，相应的有再下一层的楼层配线架和配线子系统，构成树形网络拓扑结构，也就是常用的三级星形拓扑结构，如图1-17所示。

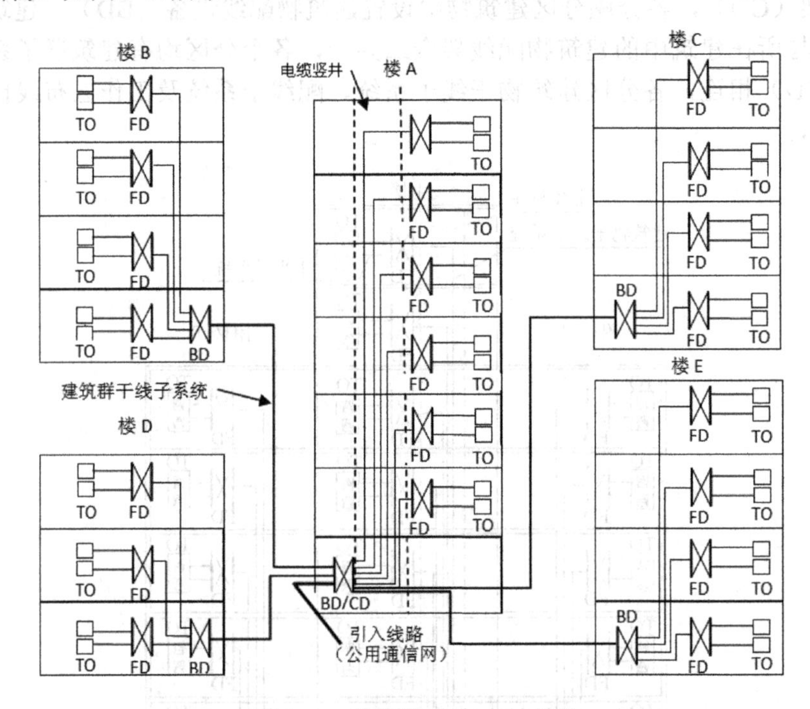

图1-17　建筑群FD-BD-CD结构

链接2　综合布线系统工程图

综合布线工程中主要采用两种制图软件，AutoCAD和Visio。AutoCAD主要用于绘制综合布线管线设计图、楼层信息点分布图、布线施工图等；Visio绘制网络拓扑图、布线系统拓扑图、信息点分布图等。

一、综合布线系统工程图

1. 网络拓扑结构图

2. 综合布线系统拓扑（结构）图

3．综合布线管线路由图

4．楼层信息点平面分布图

5．机柜配线架信息点布局图

二、图样功能

明确网络拓扑结构，反映布线拓扑结构，明确布线路由、管槽型号和规格。工作区中各楼层信息插座的类型和数量，配线子系统的电缆型号和数量，垂直干线子系统的线缆型号和数量，楼层配线架（FD）、建筑物配线架（BD）、建筑群配线架（CD）、光纤互联单元的数量及分布位置，机柜内配线架及网络设备分布情况。某学生宿舍楼层机柜配线架信息标识图如图1-18所示，机柜配线架立面图如图1-19所示。

九楼配线间配线架1

1	2	3	4	5	6	7	8	9	10	11	12	13	14	15	16	17	18	19	20	21	22	23	24
9082	9083	9084	9085	9086	9087	9088	9089	9091	9092	9093	9094	9095	9096	9097	9098	9099	9100	9101	9102	9103	9104	9105	9106

九楼配线间配线架2

1	2	3	4	5	6	7	8	9	10	11	12	13	14	15	16	17	18	19	20	21	22	23	24
9107	9109	9110	9111	9112	9113	9114	9115	9116	9117	9118	9119	9120	9121	9122	9123	9124	9125	9126	9127	9128	9129	9130	9131

九楼配线间配线架3

1	2	3	4	5	6	7	8	9	10	11	12	13	14	15	16	17	18	19	20	21	22	23	24
9132	9133	9134	9135	9136	9137	9138	9139	9140	9141	9142	9143	9144	9145	9146	9147	9148	9149	9150	9151	9152	9153	9154	9156

九楼配线间配线架4

1	2	3	4	5	6	7	8	9	10	11	12	13	14	15	16	17	18	19	20	21	22	23	24
9157	9158	9160	9161	9162	9163	9165	9166	9167	9168	9169	9170	9171	9172	9173	9174	9175	9176	9177	9178	9179	9180	9181	9182

九楼配线间配线架5

1	2	3	4	5	6	7	8	9	10	11	12	13	14	15	16	17	18	19	20	21	22	23	24
9183	9184	9185	9186	9187	9188	9189	9190	9191	9192	9193	9194	9195	9196	9197	9198	9199	9200	9202	9203	9204	9205	9206	9207

图1-18　某学生宿舍楼层机柜配线架信息点标识图

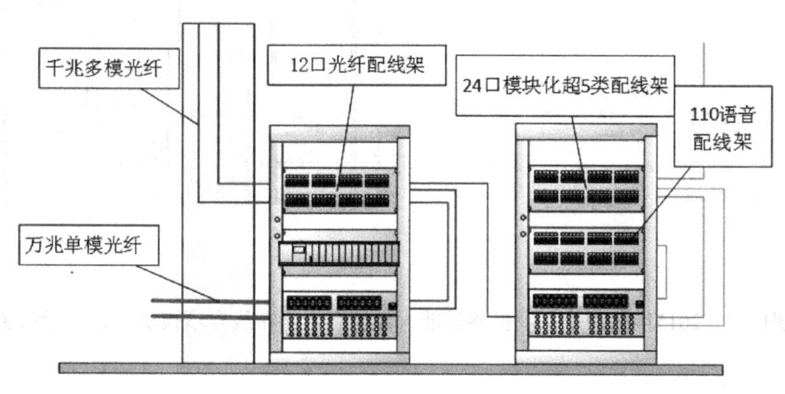

图1-19　机柜配线架立面图

三、Visio绘制FD-BD系统图

1）启动计算机进入Visio界面。

2）新建、选择模板、设置图纸基本幅面为A4（210mm×297mm）。

3）依据信息点数量和FD与BD设置，绘图区域界面统筹拖入需要的形状。

4）双击形状，填写文字内容。

5）插入动态连接线，连接上下级形状（图形符号）。

6）调整总体结构，命名保存。

具体操作：模板类型[网络]—[基本网络图]—[详细网络图]—进入绘图界面，在左侧形状下拉列表里可以看到绘制基本网络图所需要的基本形状，开始绘制网络拓扑系统图，在左侧的形状列表中找到计算机和显示器形状，将图形拖到绘图面板，作为网络设备，然后在图形里绘制交换机，路由器，防火墙，无线接入等设备，并用连接线连，最后再添加上设备注释，经过以上操作，一张简单的网络拓扑图就绘制完，通过[另存为]功能将图纸保存为图片格式。

练习

1. 绘制某教学楼综合布线系统FD-BD结构图

某建筑物是一栋八层楼的教学楼，每楼层语音/数据信息点数均为32个，请同学们根据所学知识，用Visio绘制出信息网络综合布线系统FD—BD结构图。

进程一：设定图幅，确定BD、FD绘图位置与方式。

进程二：用铅笔在草纸上草画FD—BD结构图。

进程三：启动计算机，进入Visio界面，画出规范的工程设计系统图，打印并保存。

2. 用Visio绘制2015年世界技能大赛信息网络布线模块一、二示意图

2015年巴西圣保罗世界技能大赛信息网络布线赛项模块一、二示意图如图1-20所示。

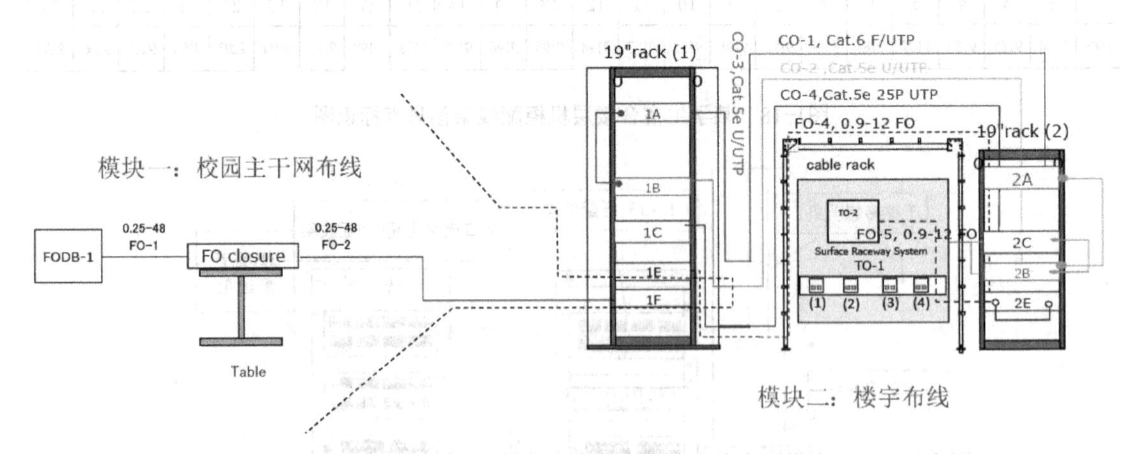

图1-20　2015年巴西圣保罗世界技能大赛信息网络布线赛项模块一、二示意图

模块2 信息网络传输介质

学习任务1 铜缆与连接器件

学习目的

熟悉网络传输介质铜缆和连接件规格与类别以及物理结构和传输特性。

目前，有线通信网络大部分仍由铜缆构建，如：计算机网、有线电视网、有线公共电话网、有线视频监控网、有线门禁安防系统、基站天馈线系统以及有线对讲系统等等。认识铜缆及本质，是有线网络构建必备的首要技能。

构建有线通信网络，实施综合布线系统工程，必须能识别所用到的铜缆、连接件以及设备，才能较好地完成通信工程（综合布线）相关岗位的工作任务。

综合布线系统设计施工中，所用铜缆多而且复杂，为了准确无误地标记不同的线路路由，区别和明示不同的信道以及区域，所用铜缆均应有标准的文字标识和颜色标识。

链接1 双绞线电缆的标识

一、大对数双绞线电缆

1．字标识

彼此绝缘又紧密绞合一起的两根铜导线称双绞线（Twisted Pair），一根双绞线称为一对线（也称线对），2对及以上双绞线再置于同一绝缘护套既称大对数（多对数）双绞线电缆，常见有4对、25对、50对、100对等对数规格的双绞电缆，如图2-1所示。大对数电缆的结构主要由外护层、屏蔽层、绝缘层和导线4部分组成。

图2-1 各种对数电缆

大对数双绞线电缆护套上印刷标记内容有：导线直径、线对数量、电缆型号、制造厂厂名代号及制造年份、长度等标记，并且以不大于1m的间隔标记在外表面上。电缆护套外皮有非阻燃（CMR）、阻燃（CMP）和低烟无卤（Low Smoke Zero Halogen，LSZH）3种材质的。电缆的护套若含卤素，则不易燃烧（阻燃）；但在燃烧过程中，释放物毒性大；电缆的护套若不含卤素，则易燃烧（非阻燃），但在燃烧过程中释放物毒性小。

电缆外护套上每间隔1m左右就有文字标识，标识的内容除生产商、生产日期、电缆长度外还包含以下内容及含义，如图2-2所示。

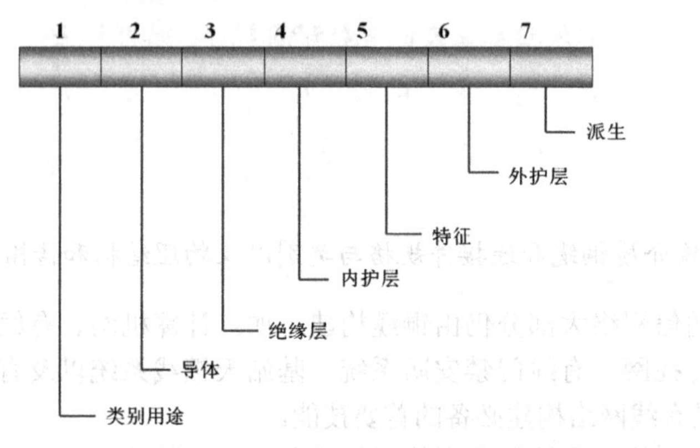

图2-2 多对数双绞线电缆外护套字标识内容及含义

1）类别用途及代表符号：

H—市内通信电缆

HP—配线电缆

HJ—局用电缆

2）导体：

无标识为铜芯线

3）绝缘层类型与代表的符号：

Y—表示实心聚烯烃绝缘

YF—表示泡沫聚烯烃绝缘

YP—表示泡沫/实心皮聚烯烃绝缘

4）金属屏蔽带的类型与代表符号：

A—表示涂塑铝带粘接屏蔽聚乙烯护层

S—铝钢双层金属带屏蔽聚乙烯护套

V—聚氯乙烯护套

5）结构特征符号及表示意义：

T—表示石油膏填充

G—高频隔离

C—表示自承式

6）电缆外护层形式与代表符号：

23—表示双层钢带绕包铠装聚乙烯护层

33—表示单层细钢丝铠装聚乙烯护层

43—表示单层粗钢丝铠装聚乙烯护层

53—表示涂塑钢带纵包铠装聚乙烯护层

7）派生

数字表示电缆对数、扭绞及芯径，如300×2×0.4表示300对芯径为0.4mm的双绞线电缆。

2. 颜色标识

1）电缆色谱：大对数电缆以25对为基本单位，各基本单位又用不同色谱扎带缠绕区分辨别。

25对大对数电缆双绞线色序：5种主色（a线）：白色、红色、黑色、黄色、紫色；5种循环色（b线）：蓝色、橙色、绿色、棕色、灰色；主次配对形成25对基本单位电缆的色谱，25对基本单位芯线色谱见表2-1。

表2-1　25对双绞线电缆各芯线基本单位色谱

线对序号		1	2	3	4	5	6	7	8	9	10	11	12	13	14	15	16	17	18	19	20	21	22	23	24	25
色谱	a线	白	白	白	白	白	红	红	红	红	红	黑	黑	黑	黑	黑	黄	黄	黄	黄	黄	紫	紫	紫	紫	紫
	b线	蓝	橙	绿	棕	灰	蓝	橙	绿	棕	灰	蓝	橙	绿	棕	灰	蓝	橙	绿	棕	灰	蓝	橙	绿	棕	灰

2）扎带色谱：每个单位的扎带采用非吸湿性有色材料，10个单位以下采用单色谱扎带，11个单位以上的单位采用双色谱扎带，双色普扎带色谱见表2-2。

表2-2　双色谱扎带

单位序号	1	2	3	4	5	6	7	8	9	10	11	12	13	14	15	16	17	18	19	20	21	22	23	24
扎带色谱	蓝白	橙白	绿白	棕白	灰白	蓝红	橙红	绿红	棕红	灰红	蓝黑	橙黑	绿黑	棕黑	灰黑	蓝黄	橙黄	绿黄	棕黄	灰黄	蓝紫	橙紫	绿紫	棕紫

根据25对多对数电缆颜色标识，从表2-1可以看出多对数双绞线电缆主要用于语音传输，此规律性是语音传输信道端接中必须掌握的技术。

二、常用于数据通信的4对双绞线电缆

1. 字标识

国内双绞线电缆生产商均按国家标准，在双绞线电缆的外部护套上每隔2ft（1ft=0.3048m）会印刷上标识。不同生产商的产品标识可能不同，但一般包括双绞线类型、NEC/UL防火测试和级别、CSA防火测试、长度标志、生产日期、双绞线的生产商和产品号码等信息。例如，VCOM TUM404EGY CABLE UTP ANSI TIA/EIA-568B 24AWG（4PR）OR ISO/IEC 11801 VERIFIED CAT 5e 001M—305M 20090801。

2. 颜色标识

综合布线系统集成设计施工中，所用铜缆多而且复杂，为了准确无误地标记不同的线路路由，区别和明示不同的信道以及区域，所用双绞线电缆均有标准的颜色标记。

例如，目前计算机网络通用的UTP 4对双绞线电线缆颜色标记，如图2-3所示。

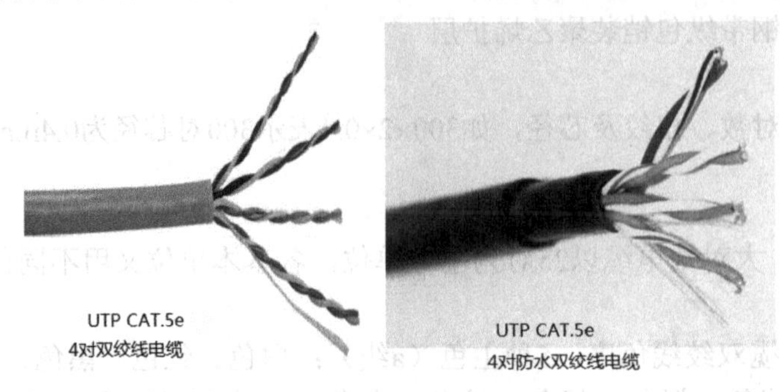

图2-3　4对双绞线电缆

线对1为蓝色/白蓝、线对2为橙色/白橙、线对3为绿色/白绿、线对4为棕色/白棕。

三、双绞线电缆端接器件

RJ—45信息模块、信息插头（水晶头），RJ系列跳线，适配器、配线架等，如图2-4～图2-6所示。

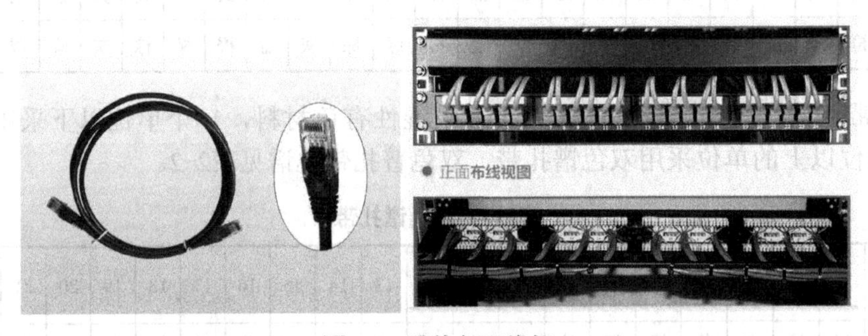

图2-4　跳线与配线架

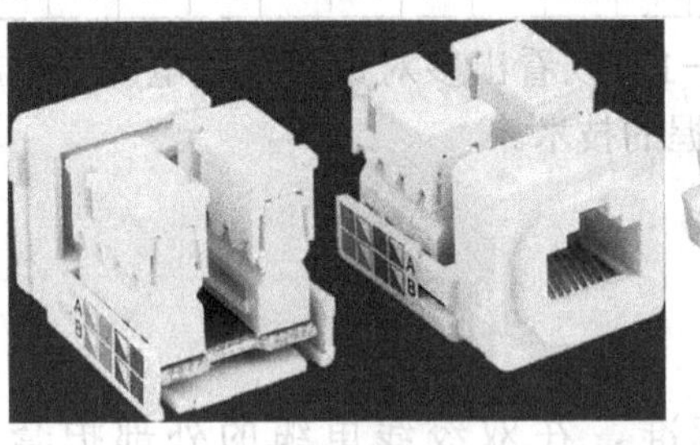
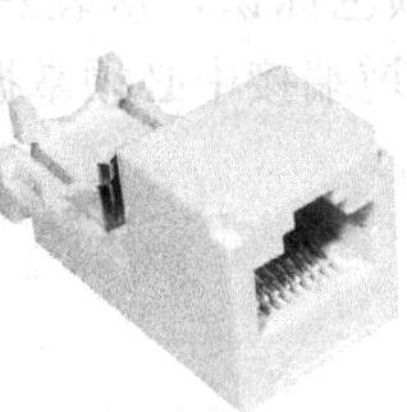

图2-5　RJ—45免打与打线信息插座

a）　　　　b）

图2-6　交换机

a）数据交换机　b）程控交换机

链接2　双绞线电缆物理结构

一、双绞线电缆防干扰结构

双绞线电缆作为信号传输的媒介，不仅要求能够有效地传输信号，同时应该具有很好的抑制电磁干扰的能力。因此，在物理结构上尽可能地考虑消除外界电磁波干扰，同时也设法使传输信号的线对彼此之间电磁干扰的消除。

图2-7所示为超5类双绞线电缆，4对双绞线各有不同的扭绞长度，即扭绞疏密程度不一样，相临线对的扭绞距离见表2-3，线对这种不同扭绞结构，极佳地提高了整个电缆线对防电磁干扰能力。

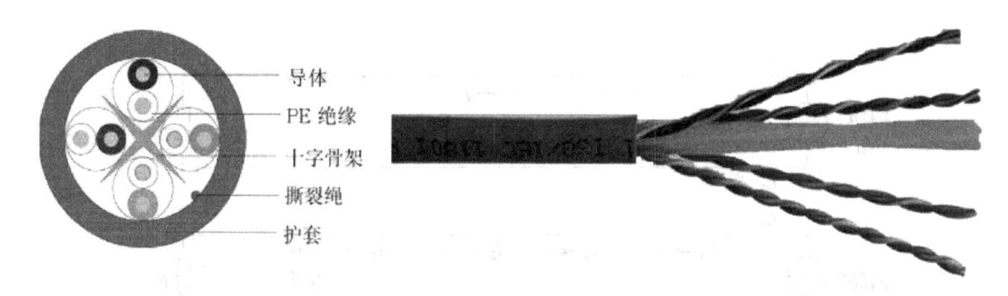

图2-7　双绞线防电磁干扰结构

表2-3　超5类双绞线各线对的扭绞距离

	蓝白/蓝	棕白/棕	橙白/橙	绿白/绿
扭绞距离/cm	1.2	1.4	1.6	1.8

依据表2-3，双绞线对防干扰原理定性分析如下。

1. 干扰信号对未扭绞的两根导线回路的干扰

干扰信号对未扭绞的导线回路的干扰如图2-8所示。Ue为干扰信号源，干扰电流Ie在双线回路的两条导线L_1、L_2上产生的干扰电流分别是I_1和I_2。由于L_1距离干扰源较近，因此，$I_1>I_2$，$I_3=I_1-I_2$，$I_3\neq0$，有干扰电流存在。

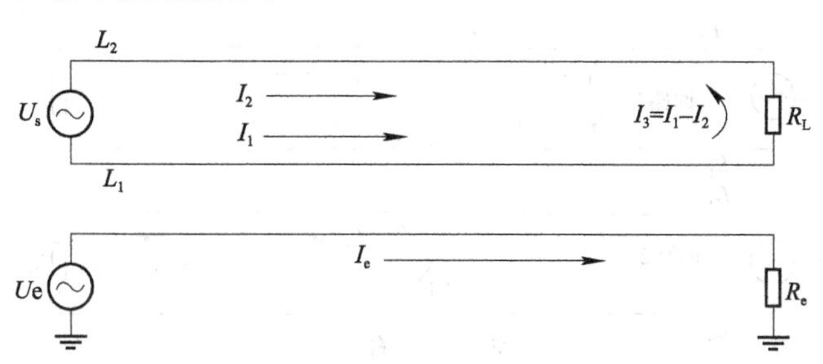

图2-8　干扰信号对未扭绞的双绞线回路的干扰

2. 干扰信号对扭绞的两根导线回路的干扰

干扰信号对扭绞的双线回路的干扰与图2-8不同的是，双线回路在中点位置进行了一次扭绞。在中点的两边，各自存有干扰电流I_1和I_2，$I_1=I_{11}-I_{21}$，$I_2=I_{22}-I_{12}$。由于两段线路的条件完全相同，所以$I_1=I_2$，则总干扰电流$I_3=I_1-I_2=0$。通过分析可以得出结论：只要合理地设置线路的扭绞，就能达到消除干扰的目的。

3. 同一电缆内部各线对之间的串扰

两个未作扭绞的双线回路间的串扰如图2-9所示，其中回路1为主串回路，回路2为被串回路。回路1的导线L_1上的电流I_1在被串回路L_3和L_4中产生感应电流I_{13}和I_{14}。由于L_1与L_3的距离较近，所以$I_{13}>I_{14}$，二者方向相对，抵消后尚余差值I_4。同样，回路1的导线L_2上的电流I_2在被串回路L_3和L_4中产生感应电流I_{23}和I_{24}，$I_{23}>I_{24}$。二者相互抵消后，余下差值I_3。由于导线L_2与回路2的距离比导线L_1近，其差值电流I_3一定大于I_4，I_3与I_4的差为I_5，在回路2内形成干扰。

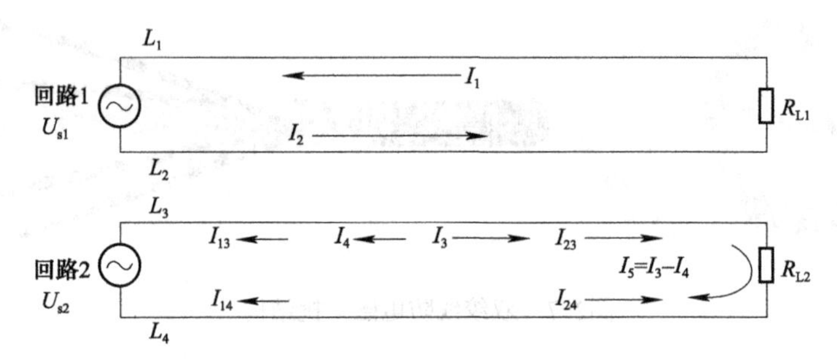

图2-9　两个未作扭绞的双线回路间的串扰

4. 两个扭绞相同的双线回路间的串扰

两个扭绞相同的双线回路间的串扰如图2-10所示。回路1和回路2同时在线路中点位置同时作扭绞。可以把图2-10分成左右两部分分析，各部分两个回路的4根导线之间的相对关系与未作扭绞是完全相同的。根据图2-10的分析可知，图2-10的左边在回路2有I_5形成干扰；同样图2-10的右边在回路2有I_{55}形成干扰。结果在回路2内同时有I_5和I_{55}两个同方向的干扰存在，I_5+I_{55}不能起到消除回路间串扰的作用。U_{s1}对U_{s2}回路中产生有干扰电流I_{12}。由此可得出结论：两个绞合的双线回路扭绞距离相同时，不能消除串扰。

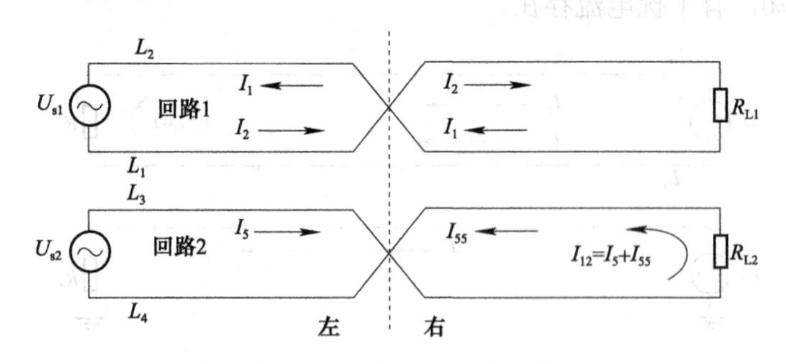

图2-10　两个扭绞相同的回路间的串扰

5. 两个扭绞距离不同的双线回路间的串扰

两个扭绞距离不同的双线回路间的串扰如图2-11所示。回路1在线路的中点作扭绞。回路2除在线路的中点作扭绞外，还在A段和B段的1/2处分别作扭绞。下面以回路1为主串回路，回路2为被串回路。将整个线路分为A，B两段，先分析A段的串扰。在A段内，回路1未作扭绞，而回路2在1/2处作扭绞。下面进一步来看回路1的导线L_1对回路2的干扰情况，不难发现，与第2点分析的干扰信号对扭绞的双线回路的干扰所讨论的情况完全相同。根据已分析的情况可知，由于回路2在A段的中点扭绞。干扰电流为零。同样道理，导线L_2对回路2的干扰电流也为零。因此在A段，回路1对回路的串扰电流为零。

B段的情况与A段完全相同，在B段串扰的电流为零。因此，回路1对回路2的总串扰为零。由此可以得出结论：两个各自扭绞的双绞线回路，只要合理地设计扭绞距离，可以消除相互串扰。

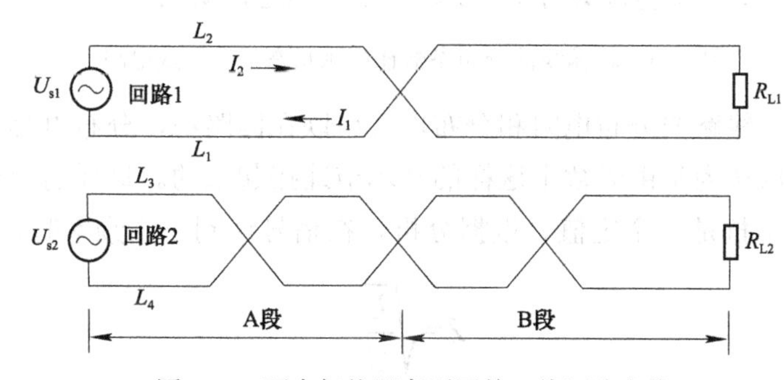

图2-11　两个扭绞距离不同的双线回路串扰

二、双绞线电缆STP和UTP区分

STP/ScTP屏蔽双绞线电缆，STP为“全屏蔽”双绞线电缆，4对双绞线对与外界之间、彼此之间都设置屏蔽，而ScTP只屏蔽内外干扰，4对双绞线对则彼此不屏蔽。

UTP非屏蔽双绞线，如图2-12所示。虽然有防水层设置但无屏蔽层，这种电缆直径小，节省所占用的空间，重量轻、易弯曲、易安装，串扰减至最小且防水，具有阻燃性、独立性和灵活性，适用于结构化综合布线。

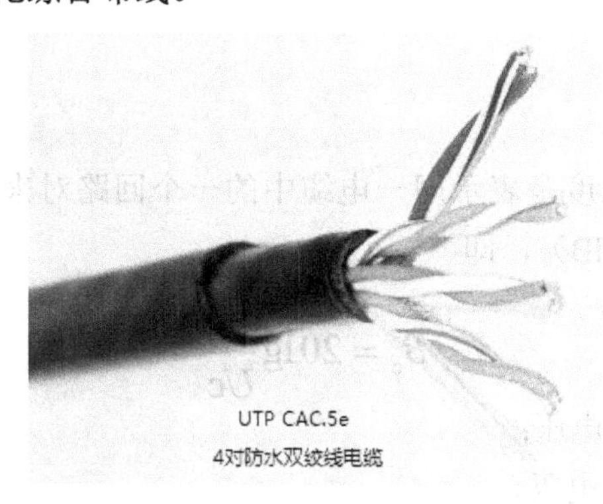

图2-12　防水型UTP4对双绞线电缆

三、双绞线的主要技术指标

目前综合布线系统中对绞电缆主要技术指标有特性阻抗、衰减与回路串扰防卫度。

1. 特性阻抗

特性阻抗是指在双绞线输入端加以交流信号电压时，输入电压与电流的比值。线路的特性阻抗与线路的直流电阻是完全不同的两个概念。线路的直流电阻与线路的长度成正比，而线路的特性阻抗完全由线路的结构和材料决定，与线路的长度无关。传输线的分布参数在高频状态下的等效电路如图2-13所示。

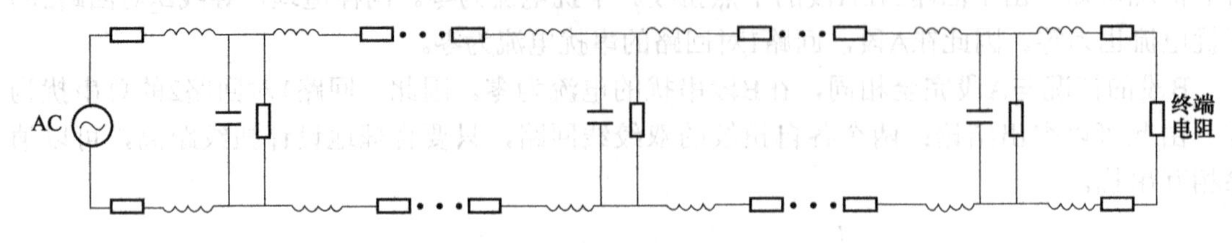

图2-13　传输线的分布参数在高频状态下的等效电路

由图2-13可见，线路的分布电阻和分布电感串联在回路中，分布电容和分布电阻并联在回路中。线路可以认为是由无数个这样的基本节连接起来的。这样的一个混联电路，不论线路多长，输入阻抗是一个定值。根据分析，在信号达到一定频率时，线路阻抗Z的值（单位：Ω）为

$$Z=\sqrt{\frac{L}{C}}$$

式中　L——一个基本节的电感；

C——一个基本节的电容。

通常专用的非屏蔽超5类双绞线的阻抗为100Ω。

2. 衰减

信号通过双绞线会产生衰减。双绞线的衰减B是频率的函数，即

$$B=2\sqrt{f}\quad（单位：dB）$$

式中，频率f的单位是MHz。

3. 回路串扰防卫度

双绞线的回路串扰防卫度是表示同一电缆中的一个回路对来自另一个回路的干扰的防卫能力，用B_c表示（单位：dB），即

$$B_c=20\lg\frac{Us}{Uc}$$

式中　Us——主串回路信号电压；

Uc——被串回路干扰电压。

双绞线的串扰与频率有关。随着频率的增高，回路串扰防卫度降低。超5类双绞线的特性阻抗不随频率变化，衰减随着频率的增高而增大，串扰防卫度也随着频率的增高而降低。

目前综合布线系统中超五类对绞电缆应用比较广泛，超5类双绞线的主要技术指标有特性阻抗、衰减与回路串扰防卫度，见表2-4。

表2-4 超5类双绞线的特性阻抗、衰减、串扰参数

频率/MHz	特性阻抗/Ω	衰减值Max/（dB/100）	串扰/dB
1	100	2	72
10	100	6.3	57
20	100	8.9	52
50	100	14.1	50
100	100	20.0	42
150	100	24.5	35

四、双绞线电缆性能用途与类型

双绞线电缆规格型号有1类线、2类线、3类线、4类线、5类线、超5类线、6类线和最新的7类线。

1类线：主要用于传输语音（一类标准主要用于二十世纪八十年代初之前的电话线缆），不用于数据传输。

2类线：传输频率为1MHz，用于语音传输和最高传输速率为4Mbit/s的数据传输，常见于使用4Mbit/s规范令牌传递协议的令牌网。

3类线：指目前在ANSI和EIA/TIA 568标准中指定的电缆，该电缆传输频率为16MHz，用于语音传输及最高传输速率为10Mbit/s的数据传输，主要用于10BASE-T规范。

4类线：该类电缆其传输频率为20MHz，用于语音传输和最高传输速率为16Mbit/s的数据传输，主要用于基于令牌的局域网和10BASE-T/100BASE-T规范。

5类线：该类电缆增加了绕线密度，外套一种高质量的绝缘材料，传输率为100MHz，用于语音传输和最高传输速率为10Mbit/s的数据传输，主要用于100BASE-T和10BASE-T网络。

超5类线：与普通5类双绞线比较，超5类双绞线在传送信号时衰减更小，抗干扰能力更强，在100M网络中，用户设备的受干扰程度只有普通5类线的1/4，并且具有更高的衰减与串扰比值（ACR）和信噪比（Structural Return Loss），更小的时延误差。

6类线：该类是新建网络或升级到高级以太网最常用的UTP。6类双绞线采用了经过一定比例预先扭绞的十字形塑料骨架，保持电缆结构稳定性的同时降低了线对之间的串扰。6类双绞线单位长度的扭绞密度比超5类更为紧密，使近端串扰和抗干扰性能得到改善。该类电缆的传输频率为1～250MHz，6类布线系统在200MHz时综合衰减串扰比（PS-ACR）有较大的余量，它提供2倍于超5类的带宽。6类布线的传输性能远远高于超5类标准，最适用于传输速率高于1Gbit/s的应用。6类双绞线改善了在串扰以及回波损耗方面的性能，对于新一代全双工的高速网络应用而言，优良的回波损耗性能是极重要的。6类标准中取消了基本链路模型，布线标准采用星型的拓扑结构，要求的布线距离为永久链路的长度不能超过90m，信道长度不能超过100m。

7类线：7类标准是一套在100Ω双绞线上支持最高600MHz带宽传输的布线标准。1997年9月，ISO/IEC确定7类布线标准的研发。与4类、5类，超5类和6类相比，7类具有更高的传输带宽（600MHz）。从7类标准开始，布线历史上出现和“RJ型”与“非RJ型”接口的划分。由于“RJ型”接口目前达不到600MHz的传输带宽。在1999年7月，ISO/IEC接受了西蒙的TERA为“非RJ型”接口标准，并于2002年7月，最终确定西蒙的TERA为7类非RJ接口。使用“全屏蔽”的STP电缆和连接件，如图2-14所示，即每线对都单独屏蔽而且总体也屏蔽的双绞电缆，以保证最好的屏蔽效果。此7类系统的强大噪声免疫力和极低的对外辐射性能

使得高速局域网（LAN）不需要更昂贵的电子设备来进行复杂的编码和信号处理。“全屏蔽”的7类线在外径上比6类线大得多并且没有6类线的柔韧性好。这要求在设计安装路由和端接空间时要特别小心，要留有很大的空间和较大的弯曲半径。

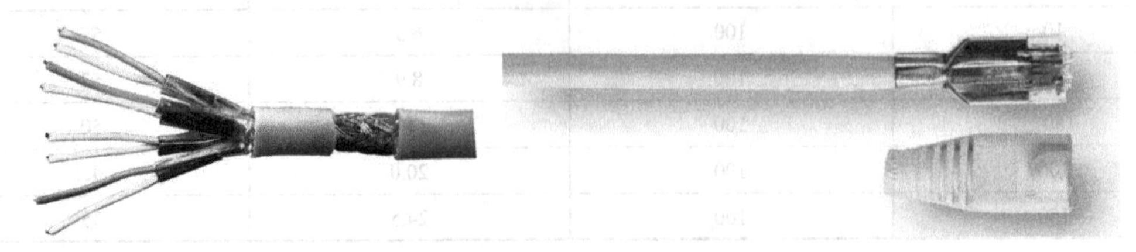

图2-14　安普7类线及连接件

综上所述：双绞线电缆种类编号数值越大则性能越好。

中华人民共和国综合布线系统工程设计规范GB 50311-2016标准中规定：铜缆布线系统的分级与配线选择类别，见表2-5和表2-6。

表2-5　铜缆布线系统的分级与类别

系统分级	支持带宽/Hz	支持应用器件	
		电缆	连接硬件
A	100k		
B	1M		
C	16M	3类	3类
D	100M	5/5e类	5/5e类
E	250M	6类	6类
F	600M	7类	7类

表2-6　各类双绞线的类别与应用

电缆类别	1类	2类	3类	4类	5类/超5类	6类	7类
频带宽度或速率	≤100kHz	<4MHz	≤16MHz	≤20MHz	≤100MHz	200MHz或更高	600MHz
应用	模拟语音、门铃、报警系统、RS-232和RS-422	数字语音、串口应用、ISDN、某些DSL	数字和模拟语音、10BASE-T以太网、4Mbit/s令牌环、100BASE-T4快速以太网、100VGA-AnyLAN、ISDN和DSL	以太网、4Mbit/s令牌环和16Mbit/s令牌环，以及数字语音等应用没获得广泛支持	支持100BASE-Tx、TP-PMD（铜缆FDDI）、ATM（155Mbit/s）和1000BASE-T（千兆位以太网）等应用	6类线作用于千兆以太网时，4对线可单向（2对发2对收）应用	模块的结构与目前的RJ—45完全不兼容。7类UTP电缆系统是一种屏蔽系统

拓展

RJ端接件电气连接原理

1．RJ—45水晶头的电气连接原理

利用压线钳的压力使RJ—45头中的“8P8C”触点刀片首先压破线芯绝缘护套，然后再直接切入铜线芯中，实现刀片与线芯的电气连接。每个RJ—45水晶头中有8个刀片，每个刀片与1个线芯连接，如图2-15所示。

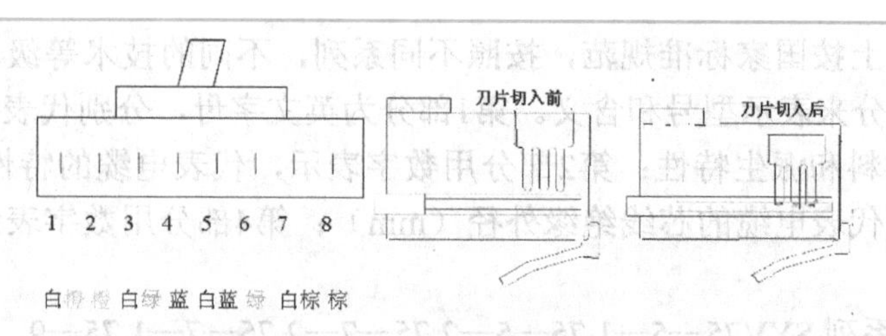

图2-15　RJ—45头电气连接4对双绞线电缆原理

2．RJ—45信息模块电气连接原理

制作RJ—45信息模块，接线块并排两边，每边并列4个凹凸带刀片的金属弹簧夹槽，打线工具或者是特殊设计的扣锁连接帽将铜导线强行打压进入，金属弹簧带刀片突破导线绝缘层嵌入铜线芯之中并紧紧夹住导线，实现模块与电缆良好电气连接。

3．5对连接模块的电气连接原理

110配线架上一般使用5对连接块，5对连接块中间有5个双头刀片，每个刀片两头分别压一根芯线，实现两根芯线的电气连接。在连接模块下层端接时，将每根线放入110配线架底座上对应的接线口，尽量往槽底压以免滑走错位，将5对连接模块对准相应的槽，垂直用力向下压紧。在压紧过程中模块中的刀片首先划破芯线的绝缘层，后与铜线芯紧密接触，实现芯线与连接模块刀片的电气连接。连接模块的电气连接原理如图2-16所示。5对模块压接前结构如图2-16a所示，5对模块压接后的结构如图2-16b所示。

5对连接模块上层端接与下层原理相同，将另一根待连接线的各芯线放到模块上部对应的端接口并尽量向下槽中压，用多心压接器或单芯压接器进行压接，在压紧过程中模块中的刀片首先划破芯线的绝缘层，切入铜芯紧密连接，另一根线的芯线与连接模块刀片电气连接，最终实现两根线的电气可靠连接。

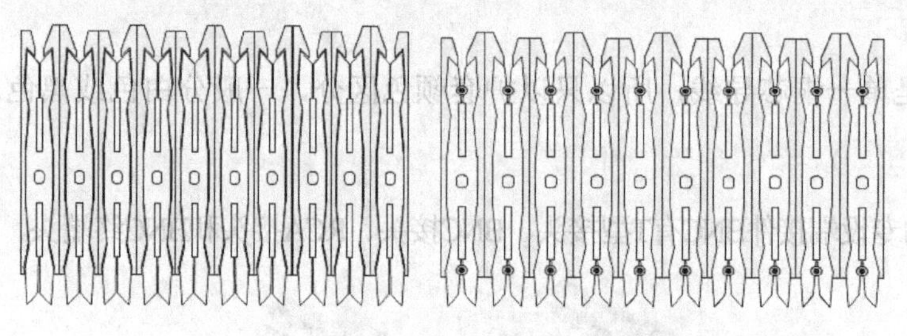

图2-16　110连接模块的电气连接原理

a）5对连接模块压接前的结构　b）5对连接模块压接后的结构

链接3　同轴电缆的标识

一、字标识

目前市场上常见的电缆护套上都印有制造厂名或其代号、制造年份、电缆型号。电缆护套上应印制清晰可辨的长度标志，以m为单位，长度标志的标称间距为1m，误差应不大于1%。

同轴电缆护套上按国家标准规范，按照不同系列，不同的技术等级，也必须印有字标记，并且用四个部分来表示型号和含义。第1部分为英文字母，分别代表电缆的代号、芯线绝缘材料、护套材料和派生特性；第2部分用数字表示，代表电缆的特性阻抗（Ω）；第3部分用数字表示，代表电缆的芯线绝缘外径（mm）；第4部分用数字表示，代表电缆结构序号。

例如：SYV75系列 SYV75—5—1 75—5—2 75—7—2 75—7—1 75—9，铠装电缆HYA53、HYA23 HYA22 HYV22。图2-17所示，就是SYV75-5-1视频线同轴电缆的型号和含义。

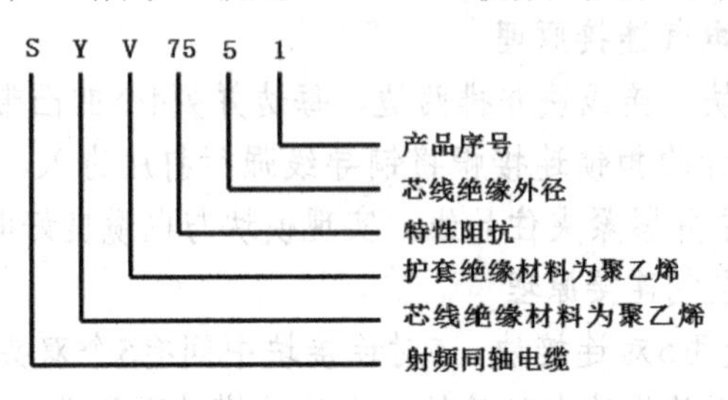

图2-17 SYV75-5-1视频线同轴电缆字标记

再例如：“SYV-75-7-1”的含义是：该电缆为同轴射频电缆S，芯线绝缘材料为聚乙烯Y，护套绝缘材料为聚乙烯V，电缆的特性阻抗为75Ω，芯线绝缘外径为7mm，结构序号为1。SYV75-2-1微型同轴电缆11.5mm包装长度：常规包装为100m/卷、导体采用99.99%高纯度OFC无氧铜制造，具有传输信号衰减小，信号损耗小，传输率高等特点。线材采用精确喷码标记、保证足够长度，整卷装线经过电气性能全检、保证产品质量及整卷无接头、明示用途，适用于无线电通信、程控交换机、公共电视天线、闭路监控系统、高频率广播和有关电子设备中传输射频（视频）的信号。

二、颜色标记

同轴电缆是单一铜芯导线，所以只以护套颜色区分，一般分白色或黑色。

三、同轴电缆的专设端接件BNC

同轴电缆的专设端接件BNC有T型接头、BNC接头、RCA接头和BNC终端头，如图2-18所示。

图2-18 BNC型头

链接4　同轴电缆的物理结构

同轴电缆，如图2-19所示，即是由一根空心的外圆柱导体和一根位于中心轴线的内导体铜线芯组成，并且内导线和外圆柱导体及外界之间彼此用绝缘材料隔开。目前，同轴电缆仍大量用于视频监控、有线电视和移动通信天馈线以及某些射频局域网的建构。

例如，直径2.17mm铜导线（内导体）周围包一层绝缘体和一层同心屏蔽金属网（圆柱外导体），屏蔽层外置一层绝缘护套，实际使用时屏蔽层必须接地。

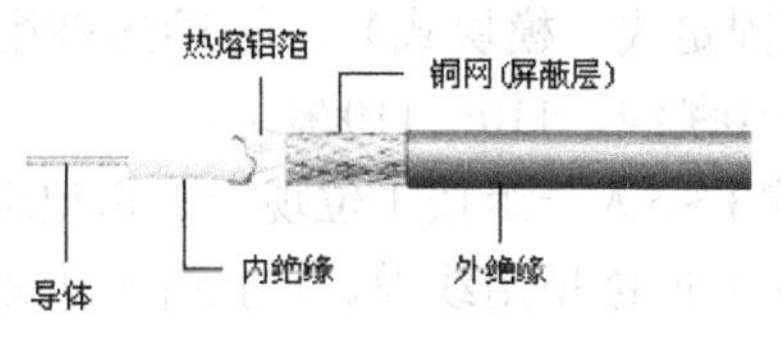

图2-19　同轴电缆物理结构

一、同轴电缆的电磁防护

同轴电缆利用外圆柱导体作接地保护（屏蔽金属网）屏蔽外界电磁干扰，内导体铜线则是信号传输通道，所以，内外导体之间并且彼此之间严格用绝缘材料隔开。

二、粗细同轴电缆的传输性能

1．粗缆（直径10㎜同轴电缆）

粗同轴电缆组网，有效传输距离500m、支持结点100个、收发距离最小为2.5m、收发线缆最长为50m、使用时一端必接地，网段两端必须有终结器（终端头）。最长组网距离可达2500m，线缆连接为N型专设连接器件。

2．细缆（直径5㎜同轴电缆）

细同轴电缆组网，有效传输距离185m、支持结点30个、BNC—T型连接器间距离最小0.5m、使用时一端必接地，网段两端必须有终结器（终端头）。最长组网距离可达925m。线缆连接为N、T、F型专设连接器件。

3．同轴电缆的分类

同轴电缆有基带同轴电缆和宽带同轴电缆两种类型

（1）基带同轴电缆

基带同轴电缆是50W电缆，传输速率最高为10Mbit/s，有粗缆和细缆两种类型。其中细缆直径为5mm，最大传输距离在200m；粗缆直径为10mm，最大传输距离可达500～1000m。用于数字传输时，由于该种电缆多用于基带传输，因此称为基带同轴电缆。

（2）宽带同轴电缆

宽带同轴电缆是一种75W电缆，用于模拟传输。这种区别是由历史原因，而不是技术原因造成的。有线电视使用的同轴电缆在进行模拟信号传输时被称为宽带同轴电缆。

4．同轴电缆组网方式

同轴电缆组网方式分为单缆系统和双缆系统。

5．视频系统常用型号

视频系统常用：RG—59、RG—6、RG—11、PIII—500、RG—62等型号。通信系统常

用：RG—58A/U细缆和RG—8粗缆。

练习　认识铜缆与连接件

进程一、实训准备

综合布线实训室各工位，配套超5类UTP双绞线、超5类FTP双绞线、6类UTP双绞线、3类大对数双绞线等；RJ—45连接头、超5类UTP信息模块、超5类屏蔽信息模块、6类UTP信息模块；超5类UTP配线架（固定式、模块式）、超5类STP配线架、6类UTP配线架、110配线架等；RJ45跳线、RJ45—110跳线、110—110跳线。

进程二、综合布线实训室3～5人一组按工位现场辨识记录。

进程三、调查学校信息中心网络所用线缆、连接件种类规格，并撰写报告。

学习任务2　光缆与连接器件

学习目的

熟悉光缆与端接器件规格种类，光缆物理结构和理论基础知识。

光缆是一根或多根光纤置于包覆护套而组成的线缆，光纤则是光导纤维的简称。在信息传输中，通信容量与载波频率（工作带宽）成正比，光纤的潜在工作频率10^{14}～10^{15}Hz，大约为200THz，所以光纤传输有巨大带宽，而且，光纤传输信息损耗小，传输信息距离远。在波长为1550nm的载波下工作，传输速率是10Gbit/s，传输损耗为0.2dB/km，无中继传输距离理论上可以达到100km。另外，光纤传输光束不受电磁干扰，强电磁场环境中也可普遍应用。

目前各种有线信息传输网中，光缆主要用来构建网络主干传输线路，有线网络实现10Gbit/s数据传输能力，其中“光纤到桌面”，即FTTD（Fiber To The Desk）就是使用光纤替代传统铜线，将光纤延伸至用户计算机终端，全程实现真正意义上的“全光网络”。所以，认识光缆本质，是综合布线构建现代化网络通信系统的必要技能。认识光缆，也可以从两个方面去熟识。

链接1　字标识

一、光缆型号

光缆的型号是由分类代号、加强构件、派生（形状、特性）、护层和外护层5个部分组成。各部分的代号所表示的内容如图2-20所示。

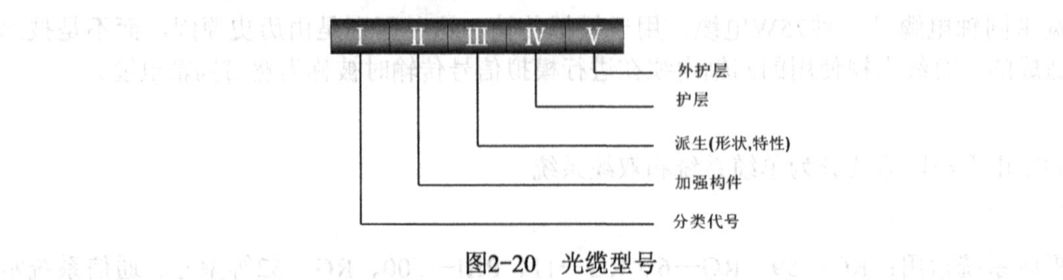

图2-20　光缆型号

各部分代号的意义

1．光缆分类代号及其意义

GY——通信用室（野）外光缆；
GR——通信用软光缆；
GM——通信用移动式光缆
GJ——通信用室（局）内光缆；
GS——通信设备内光缆；
GH——通信用海底光缆；
GT——通信用特殊光缆。

2．加强构件的代号及其意义

无符号——金属加强构件；
F——非金属加强构件。

3．派生特征的代号及其意义

B——扁平式结构；
C——自承式结构；
D——光纤带结构；
G——骨架槽结构；
J——光纤紧套被覆结构；
S——松套结构；
T——油膏填充式结构；
X——中心束管结构；
Z——阻燃。
光纤松套被覆结构（无符号）
层绞结构（无符号）
干式阻水结构（无符号）

4．护层的代号及其意义

Y——聚乙烯护层；
V——聚氯乙烯护层；
U——聚氨酯护层；
A——铝、聚乙烯粘接护层；
W——夹带平行钢丝的钢-聚乙烯粘接护套；
L——铝护套；
G——钢护套；
Q——铅护套；
S——钢、铝、聚乙烯综合护套。

5．外护层的代号及意义

外护层是指铠装层及铠装层外边的外被层，外护层的代号及其意义见表2-7。

表2-7　光缆外护层的代号及意义

代　　号	铠 装 层	外 被 层
0	无	无
1	—	纤维层
2	双钢带	聚氯乙烯套
3	细圆钢丝	聚乙烯套
4	粗圆钢丝	—
5	单钢带皱纹纵包	

二、光缆规格

光缆规格由光纤数目和光纤类别组成，如果同一根光缆中含有2种或2种以上规格（光纤数和类别）时应用“+”号连接，光纤的规格型号如图2-21所示。

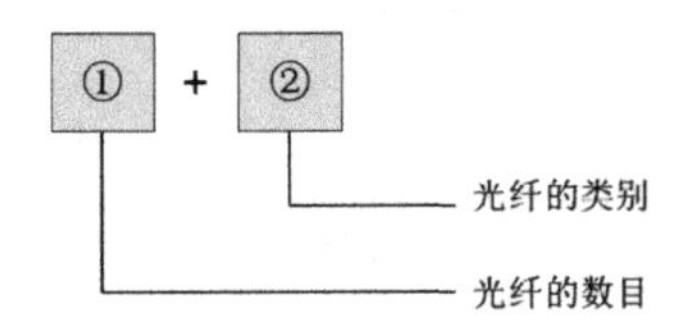

图2-21　光纤的规格型号

（1）光纤数目：用光缆中同类别光纤的实际有效数目的数字表示。

（2）光纤类别代号：包括多模光纤类别代号（表2-8）、单模光纤类别代号（表2-9）。

表2-8　多模光纤类别代号

分 类 代 号	特　　性	纤芯直径/mm	包层直径/mm	材　　料
A1a	渐变折射率	50	125	二氧化硅
A1b	渐变折射率	62.5	125	二氧化硅
A1c	渐变折射率	85	125	二氧化硅
A1d	渐变折射率	100	140	二氧化硅
A2a	突变折射率	100	140	二氧化硅

表2-9　单模光纤类别代号

分 类 代 号	名　　称	材　料
B1.1（或B1）	非色散位移型	二氧化硅
B1.2	截止波长位移型	二氧化硅
B2	色散位移型	二氧化硅
B4	非零色散位移型	二氧化硅

例如：

① 光缆的型号为GYTA53 12A1+5×4×0.9表示：金属加强构件、松套层纹填充式、铝—聚乙烯粘接护套、皱纹钢带铠装、聚乙烨护层的通信用室外光缆，包含12根50/125μm二氧化硅系渐变型多模光纤和5根用于远距供电及监测的铜线径为0.9mm的4线组。

② 光缆的型号为GYGTA24B1表示：金属加强构件、骨架填充式、铝—聚乙烯粘护套通

信用室外光缆，包含24根“非色散位移型”类单模光纤。

③ 光缆型号为GYTA-8B1.3表示：通信用室外光缆（GY），填充式结构（T），铝—聚乙烯粘接护套（A），8芯（8），常规单模光纤G.652C（B1.3）。

④ 光缆型号为G.657表示：用户入户光缆即皮线光缆（或称蝶形光缆）。

链接2　光缆颜色标识

光缆中光纤单元、单元内光纤、导电线组（对）及组（对）内的绝缘线芯，采用全色谱或领示色谱来识别光缆的端别与光纤序号。

端别：一般识别方法为由领示光纤（或导线或填充线）以红—绿（或蓝—黄等）顺时针为A端；逆时针为B端。光缆在施工时注意A端朝向局端、B端朝向用户端。

单色色码的蒙皮表示不同的光纤类型，如图2-22所示。

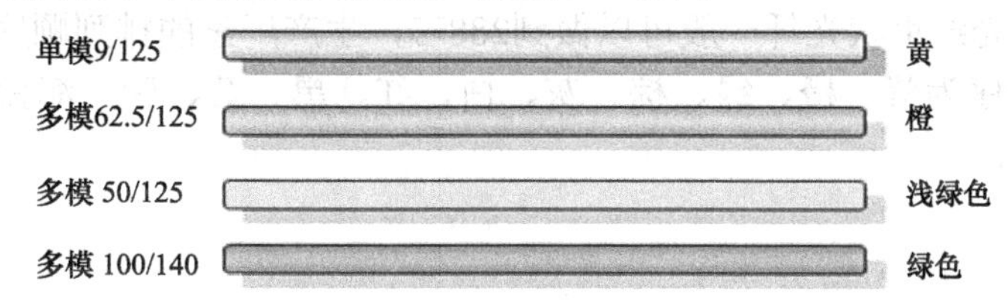

图2-22　单色色码光纤

TIA/EIA-598色码对应多芯光纤的线缆，如图2-23所示。色码的序列以蓝色为1号，浅绿为12号。同样用色序列来标示线缆的子层每根光纤。

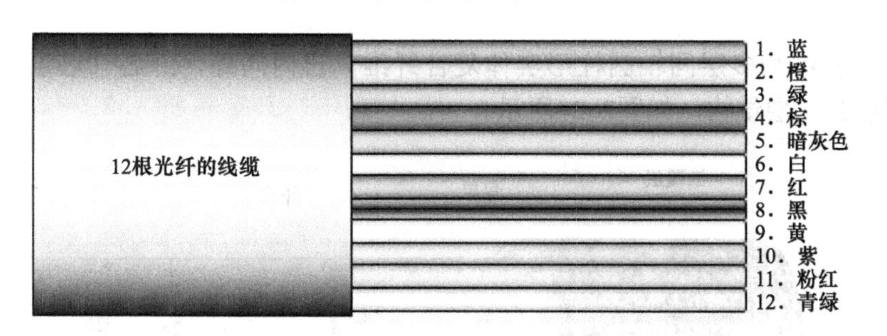

图2-23　12—芯光缆色码序列

国标全色谱：蓝、橙、绿、棕、灰、白、红、黑、黄、紫、粉红、青绿。

国标色谱W：蓝、橙、绿、棕、本色（自然色）、红、黑、黄、紫、粉红、青绿。

国标色谱A：蓝、橙、绿、棕、白、红、黑、黄、紫、粉红、本色。

光纤、光缆色谱排列，见表2-10～表2-12。

表2-10　松套管中光纤的色谱排列（国际光纤色谱）

光纤号	1	2	3	4	5	6	7	8	9	10	11	12
颜色	蓝	橙	绿	棕	灰	白	红	黑	黄	紫	粉红	青绿

表2-11　领示色谱

套管号	1	2	3	4	5	6	7	8	9	10	11	12
颜色	红	绿	本	本	本	本	本	本	本	本	本	本

表2-12 全色谱

套管号	1	2	3	4	5	6	7	8	9	10	11	12
颜色	蓝	橙	绿	棕	灰	白	红	黑	黄	紫	粉红	青绿

光缆线序色谱排列即光纤色谱1#～12#，一般是蓝、橙、绿、棕、灰、白、红、黑、黄、紫、粉红、青绿。如果光缆小于12D，用一根束管就可装下，也叫中心束管式；如果光缆需要光纤大于12D，就必须用到二根以上的束管，起始束管一般为红色，其次是绿色，接下来按顺序是白1、白2、白3……，如果是144D就用12根束管，每根束管12D，这种光缆由于是多根束管绞在一起做成的，也叫层绞式光缆。有的厂家还用带状光纤，12根光纤并成一排作为一组，色谱排列一样。应该是红头绿尾，先内后外，熔接光缆时，先熔大芯数，后熔小芯数。

目前，国内的光纤束状光纤一般可以做到288芯，生产厂家的排列顺序是从内层向外层数，按国标纤芯顺序为蓝、橙、绿、棕、灰、白、红、黑、黄、紫、海蓝（粉）、本；松套管序为红起白止。

链接3 光纤的结构与分类

光纤是光导纤维的简称，也叫光介质传输线缆，是一种约束光并传导光的同轴多层圆柱实体光波导介质。光纤通信既指以光纤为传输介质，以光波为载波的现代通信技术。

一、光纤结构

光纤是一种细长多层同轴圆柱形实体复合纤维，自内向外，纤芯（芯层）、包层、涂覆层（被覆层）三层结构，如图2-24所示。

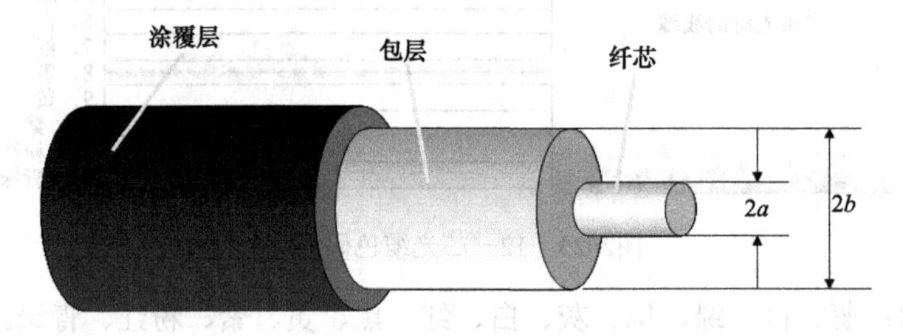

图2-24 光纤的结构

二、光纤分类

1．按制造光纤的材料分类

按照制造光纤的使用材料的不同分为玻璃光纤、全塑光纤和石英光纤。

2．按照光纤横截面折射率分布

（1）阶跃型光纤：纤芯折射率沿半径方向保持一定，包层折射率沿半径方向也保持一定，而且纤芯和包层的折射率在边界处呈阶梯形变化的光纤成为阶跃型光纤，又称为均匀光纤，如图2-25a所示。

（2）渐变型光纤：纤芯折射率随着半径加大而逐渐减小，而包层折射率是均匀的，这种光纤称为渐变型光纤，又称为非均匀光纤，如图2-25b所示。

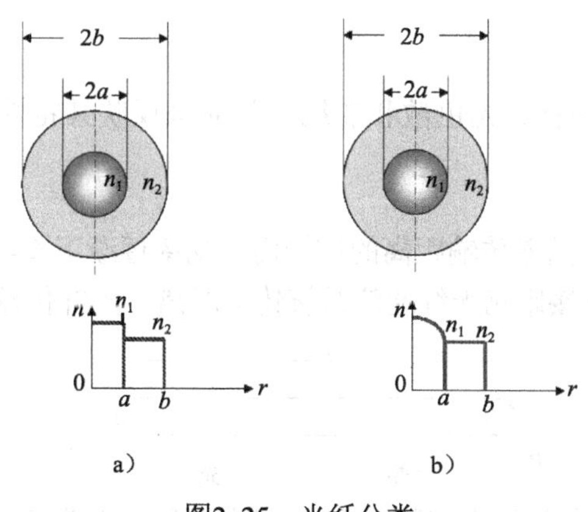

图2-25 光纤分类

a）阶跃型光纤 b）渐变型光纤

3. 按照纤芯中传输模式

（1）单模光纤：在同一波长下光纤中只传输一种模式（一束光线）的光纤称为单模光纤，单模光纤的纤芯直径较小，为4～10μm。通常纤芯的折射率分布被认为是均匀分布的，由于单模光纤只传输基模，从而完全避免了模式色散，使传输带宽大大加宽。因此它适用于大容量、长距离的光纤通信，单模光纤中的光线轨迹，如图2-26所示。

图2-26 单模光纤

（2）多模光纤：同时传输多种模式光的光波导介质称为多模光纤，多模光纤可以采用阶跃折射率分布，如图2-27a，也可以采用渐变折射率分布，如图2-27b，多模光纤的纤芯直径约为50μm或62.5μm。虽然多模光纤由于模色散的存在使光传输带宽变窄，但其制造、耦合及连接比单模光纤容易。为减少模式色散，多模光纤大都采用渐变型。

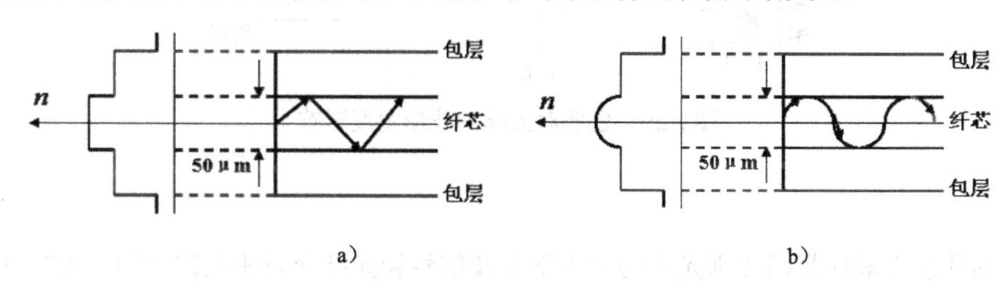

图2-27 多模光纤

a）多模阶跃型光纤 b）多模渐变型光纤

4. 按照工作波长来分

按工作波长分有短波长光纤（工作波长在0.85μm）、长波长光纤（工作波长在1.31μm或1.55μm）和超长波长光纤（工作波长在2.0μm以上）。

三、光纤的传输特性

光纤传输光束，由光损耗、光色散和非线性效应来反映其特性。

1. 光纤的损耗

光波在光纤中传输时，随着传输距离的增加而光功率逐渐下降，这就是光纤的传输损耗，光纤每单位长度的损耗，直接影响光纤通信系统传输距离。光纤传输损耗见图2-28所示。

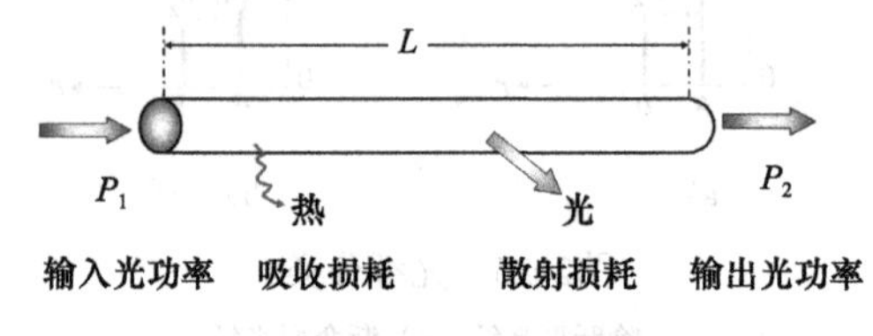

图2-28 光纤传输损耗

光纤的损耗可用以下公式分析：

$$A(\lambda)=10\lg(P_1/P_2) \text{ 或 } A(\lambda)=-10\lg(P_1/P_2)$$

$$a(\lambda)=A(\lambda)/L$$

式中 $A(\lambda)$——线路上输入输出两点间的光信号总衰减，单位为dB（分贝）；

P_1——输入点Pin信号光功率，单位为W或mW；

P_2——输出点Pout信号光功率，单位为W或mW；

$a(\lambda)$——光纤线路每公里光信号的衰减系数，单位为dB/km；

L——输入点到输出点之间的长度，单位km。

2. 光纤的色散特性

光脉冲在光纤中传输，随着传输距离的加大，脉冲波形在时间上发生了展宽，这种现象称为光纤的色散。

光纤的色散特性会使输入脉冲在传输过程中展宽，产生码间干扰，增加误码率这样就限制了通信容量。光纤的色散对光脉冲波形宽度产生的影响如图2-29所示。

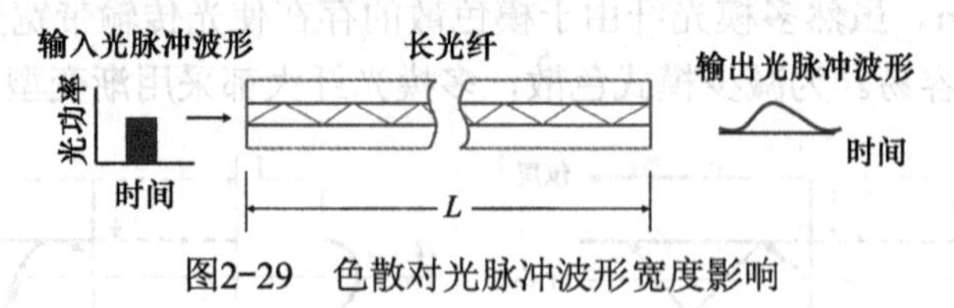

图2-29 色散对光脉冲波形宽度影响

3. 非线性效应

光纤的非线性效应是指在强光场的作用下光波信号和光纤介质相互作用的一种物理效应。

一类由于散射作用而产生的非线性效应：受激喇曼散射（SRS）和受激布里渊散射（SBS）；另一类是由于光纤的折射指数随光强度变化而引起的非线性效应：自相位调制

(SPM)、交叉相位调制(XPM)、四波混频(FWM)。

链接4　光缆的结构与分类

一、光缆的结构

光缆是为了使光纤在不同的环境或场所下使用，在光纤束外加上套塑、钢丝加强件、填充物、阻水带、外护套等形成缆，因此平常所说的光缆通信和光纤通信并没有本质的区别，传输信号的介质都是光纤。

二、光缆的分类

光缆的分类见表2-13。下面介绍几种光缆结构图。

表2-13　光缆的分类

分类方法	光缆种类
按所使用光纤分类	单模光缆、多模光缆(阶跃型、渐变型)
按缆芯结构分类	层绞式光缆、骨架式光缆、大束管式光缆、带式光缆、单元式光缆
按外护套结构分类	无铠装光缆、钢带铠装光缆、钢丝铠装光缆
按光缆材料有无金属分类	有金属光缆、无金属光缆
按维护方式分类	充油光缆、充气光缆
按敷设方式分类	直埋光缆、管道光缆、架空光缆、水底光缆
按适用范围分类	中继光缆、海底光缆、用户光缆、局内光缆

1. 层绞式光缆

如图2-30所示，层绞式光缆沿袭了电缆结构方式，光纤放置在松套管中，光缆连接时有利于保护光纤。制造设备与电缆通用，无须重新投入传统的生产工艺，生产稳定工程配套设施多。

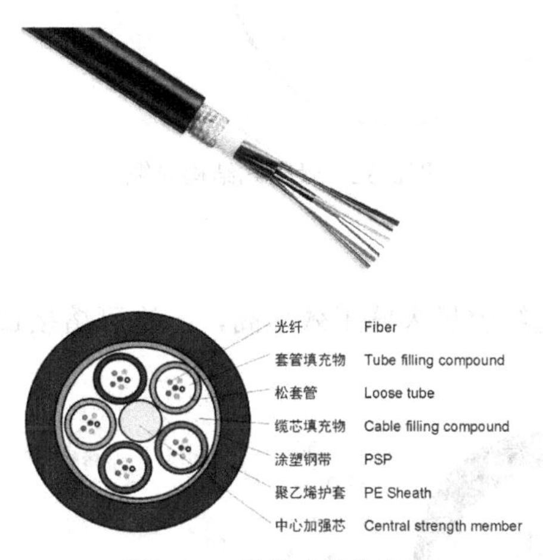

图2-30　层绞式结构光缆

2. 中心束管式光缆

如图2-31所示，中心束管式光缆是专门为光纤而设计的结构，光纤位于光缆的中心，给光纤以最好保护，耐侧压性强，有效防止雷击缆径小，盘长大，施工方便，即易开剥，不易打结，一次接入所有光纤，无须二次开剥。

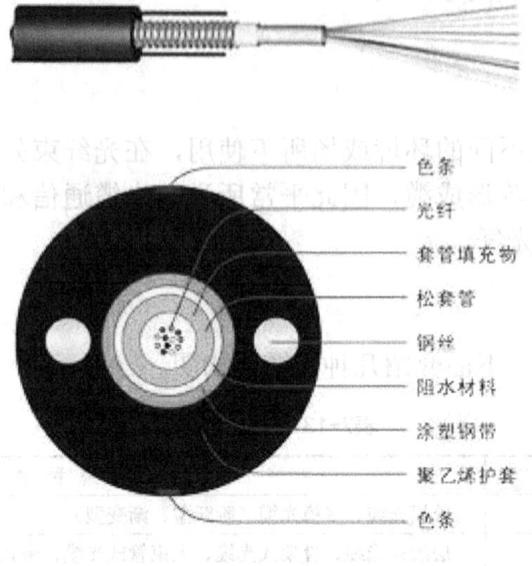

图2-31 中心束管式光缆

3．骨架式光缆

如图2-32所示，骨架式光缆中光纤芯数较多，重量较大在国内应用不多。

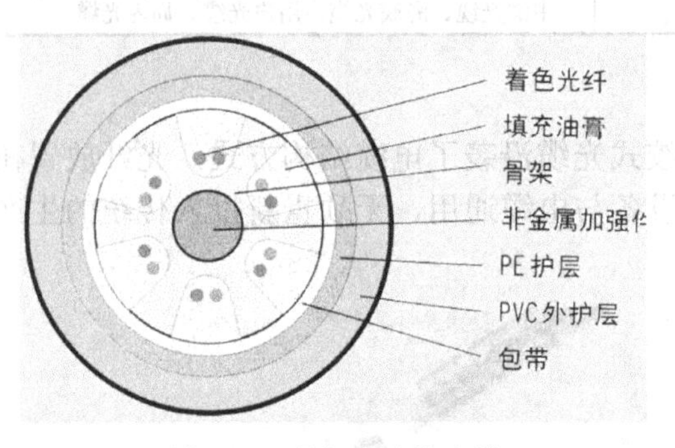

图2-32 骨架式结构光缆

4．带状光缆

如图2-33所示，带状光缆容量大施工效率高，一次可熔接12芯，需要带状光纤熔接机和特殊夹具。

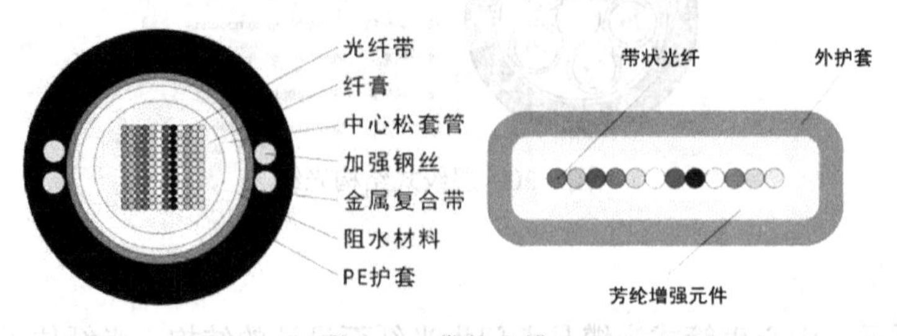

图2-33 带状光缆

5. 皮线光缆

如图2-34所示，皮线光缆皮线光缆是一种新型的入户光缆，俗称8字光缆，适用于室内及终端安装等经常需要弯曲光缆的场合。布线时可以根据现场的距离进行裁减，并配合快速连接接头以及光纤冷接子安装，现场施工不需要进行熔纤。

图2-34　皮线光缆

6. 特殊结构光缆

如图2-35所示，特殊结构光缆如ADSS（全介质结构光缆）、OPGW（光纤复合地线光缆）可加挂在电力杆塔架上，用作长途光缆。

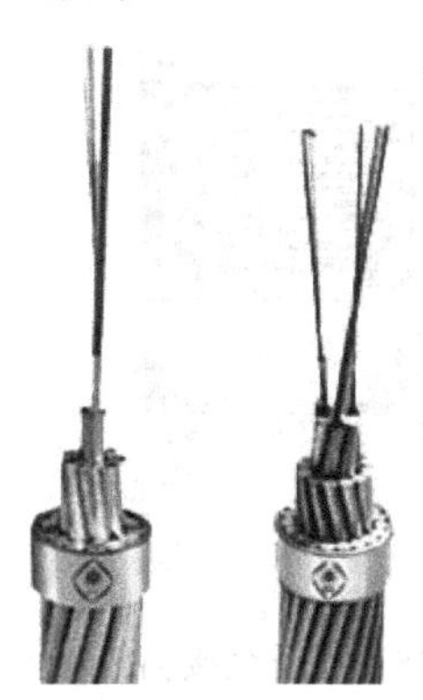

图2-35　特殊结构光缆

7. 软光缆

图2-36所示，软光缆是设备与配线架之间，测试用光缆。

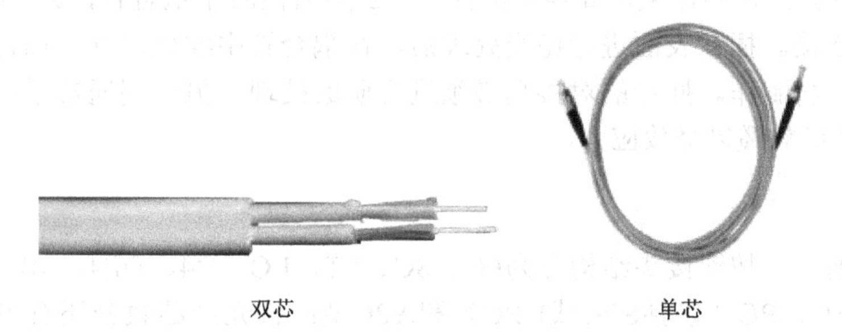

双芯　　单芯

图2-36　软光缆

链接5　光纤连接设备

一、光纤的配线接续设备

1．光纤配线架（柜）

如图2-37所示，光纤配线架是光纤线路的端接和交连的地方，它把光纤线路末端直接连到端接设备，并利用短的互联光纤把两条线路交连起来。所有的光纤配线架均可安装在标准框架上，也可直接挂在设备间或配线间的墙壁上。用户可根据功能和容量选择连接器。

光纤配线架适用于外线光缆与光通信设备的连接，是具有光缆的固定、分纤缓冲、熔接、接地保护以及光纤的分配、组合、调度等功能的现代通信设备。

2．光纤交接箱

如图2-38所示，光纤交接箱是室外光缆接入网中主干光缆与配线光缆节点处实现室外光纤配线的设备，可以实现光纤的直通、盘储、和光纤的熔接、调度功能，室外落地、架空安装两种方式安装。

3．分线箱

分线箱如图2-39所示。

图2-37　光纤配线架

图2-38　光纤交接箱

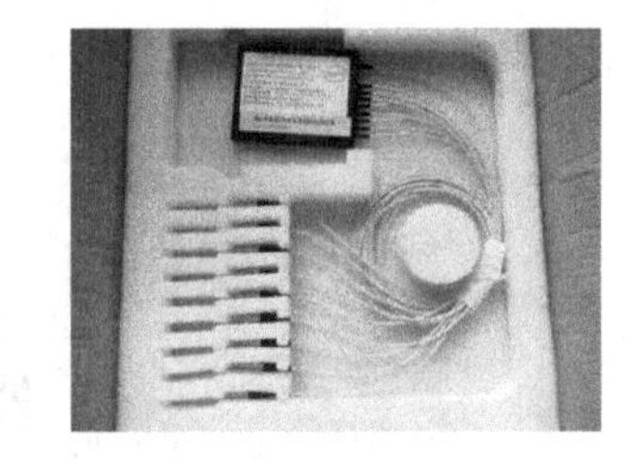

图2-39　光纤分线箱

二、光纤连接器

1．光纤连接器的一般结构

绝大多数的光纤连接器采用高精密组件（由2个插针和1个耦合管，共3个部分组成）实现光纤地对准连接。插针表面进行抛光处理后，在耦合管中实现对准。插针的外组件采用金属或非金属材料制作。插针的对接端必须进行研磨处理，另一端通常采用弯曲限制构件来支撑光纤或光纤软缆以释放应力。

2．光纤连接器种类

如图2-40所示，按连接头结构分为FC、SC、ST、LC、D4、DIN、MU、MT；按光纤端面形状分有FC、PC（包括SPC或UPC）和APC型；按光纤芯数分还有单芯、多芯（如MT—RJ型光纤连接器），常用的是ST和SC型连接器。

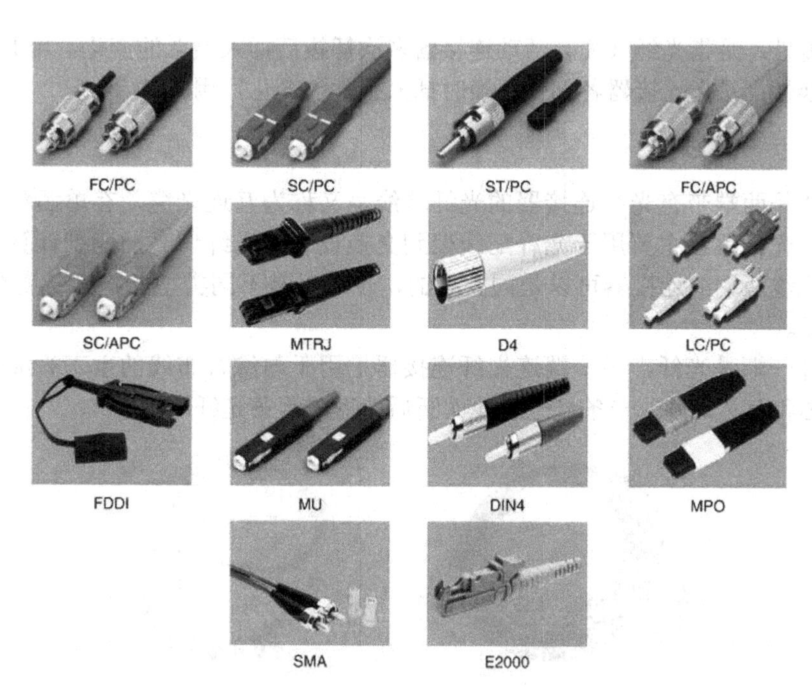

图2-40 常见的光纤连接器

SFF光纤连接器有四种类型LC型、MU型、MT—RJ型、VF—45型

目前，伴随技术进步，光缆敷设到楼、到户以及到桌面，光纤快速接续/端接的冷接子技术的成熟，各类光纤接续专设连接器冷接子大量被生产出来并广泛普遍应用。

3. 光纤连接器的性能

光纤连接器的性能，首先是光学性能，插入损耗、回波损耗，此外还要考虑光纤连接器的互换性、重复性、抗拉强度、温度和插拔次数等。

（1）插入损耗：是只光纤中的光信号通过活动连接之后，其输入光功率的比率的分贝数，表达式为

$$A_C=-10\lg P_0/P_1$$

式中 A_C—— 连接插入损耗，单位为dB；

P_1—— 输入端的光功率；

P_0—— 输出端的光功率。

对多模光纤连接器，输入的光功率应当经过稳模器，滤去高次模，使光纤中的模式为稳态分布，插入损耗越小越好。

（2）回波损耗：又称为后向反射损耗，它是指光纤连接处，后向反射光对输入光的比率的分贝数，表达式为

$$A_r=-10\lg P_\lambda/P_1$$

式中 A_r—— 回波损耗，单位为dB；

P_1—— 输入光功率；

P_λ—— 后向反射光光功率，回波损耗越大越好，以减小反射光对光源和系统的影响。

（3）重复性：是指光纤（缆）活动连接器多次插拔后插入损耗的变化，用dB表示。

（4）互换性：是指连接器各部件互换时插入损耗的变化，用dB表示。

三、光纤跳线和尾纤

光纤跳线是两端带有光纤连接器的光纤软线，又称为互连光缆，有单芯和双芯、多模和单模之分。光纤跳线主要用于光纤配线架到交换设备或光纤信息插座到计算机的跳接。根据需要，跳线两端的连接器可以是同类型的，也可以是不同类型的，其长度在5m以内，如图2-41所示。

光纤尾纤一端是光纤，另一端连光纤连接器，用于与综合布线的主干光缆和水平光缆相接，有单芯和双芯两种，一条光纤跳线剪断后就形成两条光纤尾纤。

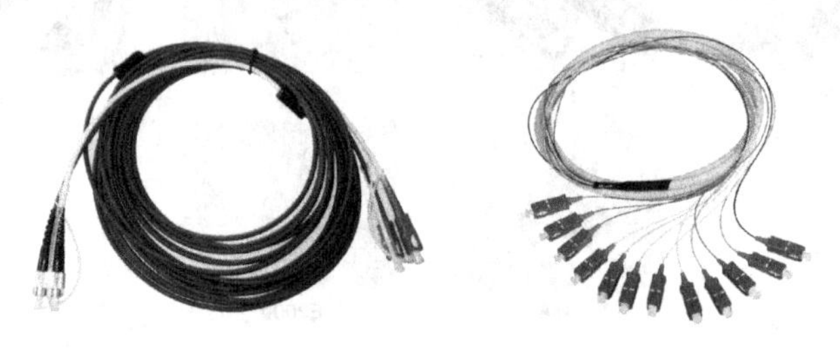

图2-41　光纤跳线与尾纤

四、光纤配线架

光纤配线架是光缆与光通信设备之间的配线连接设备，用于光纤通信系统中光缆的端接和分配，可方便地实现光纤线路的熔接、跳线、分配和调度。

光纤配线架有机架式光纤配线架、挂墙式光缆终端盒和光纤配线箱等类型。

练习　认识光缆光纤以及连接件

进程一、实训准备，综合布线实训室工位，配套室内外光缆、单多模光缆；ST、SC、LC等连接头和耦合器；ST—ST、SC—SC、ST—SC等光纤跳线；光纤配线架、光纤接续盒等。

进程二、综合布线实训室3～5人一组按工位现场辨识记录。

进程三、调查学校1号楼计算机网络所用线缆、连接件种类规格，并撰写报告。

模块3　信息网络综合布线技术

学习任务1　工作区布线技术

学习目的

了解工作区子系统设计技术要求和等级；掌握设计步骤；能够确定设计方案；能够进行信息插座的安装、跳线制作及BNC端接。

链接1　工作区子系统设计技术要求

工作区子系统是由配线子系统的信息插座模块（I/O）延伸到终端设备处的连接线缆及适配器组成的，工作区布线一般是非永久性的，可根据终端使用需要随时变更或增减。

一、工作区服务面积与I/O信息点配置

工作区子系统设计，首先从信息终端设备所处的建筑物房间（如办公区、会议与会展室以及工业生产区等）开始，依据房间大小、性质及用途来确定工作区子系统的面积，按表3-1规范化确定。

表3-1　工作区子系统的面积

建筑物房间性质及用途	工作区子系统的面积/m^2
网管中心、呼叫中心、信息中心等终端设备较为密集的场地	3～5
办公区	5～10
会议、会展	10～60
商场、生产机房、娱乐场所	20～60
体育场馆、候机室、公共设施区	20～100
工业生产区	60～200

一个独立的工作区内至少有一个信息终端设备，通常是一台计算机和一部电话机。根据建筑物房间性质和分布情况，按照通信（语音与数据）信息终端设备位置需求，实地划分工作区的分布，确定I/O信息点的数量，信息点数量配置按表3-2规范化确定。

表3-2　工作区信息点数量配置

建筑物功能区	信息点数量（每一工作区）			备　注
	电话（语音）	数据	光纤（双工端口）	
办公区（一般）	1个	1个	——	——
办公区（重要）	1个	2个	1个	数据信息有较大要求
出租或大客户区域	2个或2个以上	2个或2个以上	1个或1个以上	指整个区域配置量
办公区（政务工程）	2～5个	3～5个	1个或1个以上	涉及内外网络时

由表3-2，可将工作区设计分为以下3个等级。

1．基本型设计

每一个工作区内有一个信息插座，即一个I/O点，一条UTP 4对双绞线电缆连接信息插座与终端设备，完全采用110A交叉连接硬件，并与未来附加设备兼容，干线电缆至少有2对双绞线。

2．增强型设计

每一个工作区有2个以上信息插座，信息插座均对应连接配线子系统。一条4对UTP双绞线电缆，具有110A交叉连接硬件，并与未来附加设备兼容；电缆至少有8对双绞线，有2个信息插座，灵活方便、功能齐全，任何一个插座都可以提供语音和数据信息的高速传输，便于管理与维护，能够提供更良好的服务环境。

3．综合型设计

每一个工作区所在的建筑、建筑群干线或配线子系统均配置62.5/125μm的光缆和4对双绞线电缆，有2个以上的信息插座，灵活方便、功能齐全，任何一个信息插座都可供语音和数据传输，可以提供良好的服务环境。

工作区适配器选用原则：

（1）设备的连接插座应与连接电缆的插头匹配，不同的插座与插头之间应加装适配器。

（2）信号的数模转换、光电转换、数据传输速率转换等相应装置的连接，采用适配器。

（3）对于不同网络，采用协议转换适配器。

（4）不同的终端设备或适配器均在工作区有适当位置。

二、工作区子系统硬件设计要求

1）每个工作区软线接插、适配器布放应合理、美观。

2）每个工作区内安装在墙壁上的信息插座应距离地面300mm以上，做到横平、竖直、牢固。信息插座与电源插座布局如图3-1所示。

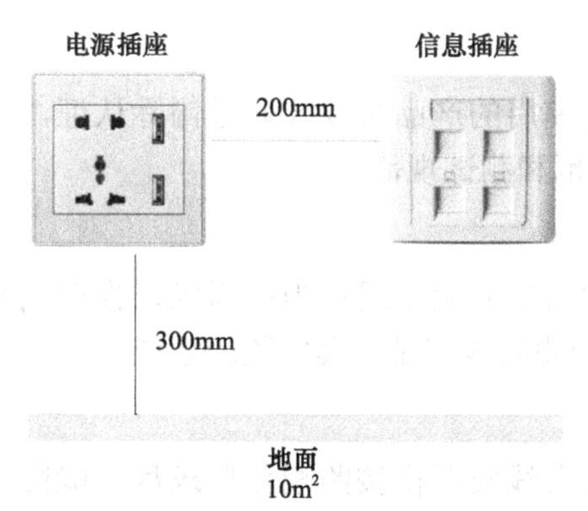

图3-1　信息插座与电源插座布局

3）每个工作区内信息插座与终端设备的距离保持在5m以内。

4）每个工作区至少配置一个AC220V电源插座，工作区的电源插座应选用带接地保护装置的单相电源插座，保护地线与零线应严格分开，终端设备与网线尽量远离空调、电风扇。

5）电源线与通信电缆距离尽可能保持100mm以上，电源插座与通信信息插座之间的距离不小于200mm。

6）终端网卡的类型接口与线缆类型接口保持一致。

三、工作区子系统设计步骤

1）确定工作区（房间）面积大小、用途、位置与数量，确定规范的设计等级。

2）确定每个单一工作区信息点数量。

3）依据建筑物所有工作区划分，得到I/O信息点总数量。

4）估算所有工作区RJ信息插头（水晶头）、RJ信息插座（信息模块）以及底盒面板的用量。

①信息模块的需求量估算公式为

$$m=n+n\times3\%$$

式中，m表示信息模块的总需求量；n表示信息点的总量；$n\times3\%$表示富余量。

②一栋大楼中的一条链路需要两条跳线，一条从配线架跳接到交换设备，一条从信息插座连接到终端设备。所需的压接跳线RJ水晶头数量一般按照

$$m=n\times4+n\times4\times5\%$$

进行估算。式中，m表示RJ水晶头的总需求量；n表示信息点的总量；$n\times4\times5\%$表示富余量。

链接2　大开间办公室布线

一、大开间办公室布线设计原则

1．综合性

大开间办公室布线需要满足各种不同的信号传输需求，将所有的语言、数据、图像、监控设备的布线组合在一套标准的布线系统上，设备与信息出口之间只需一根标准的连接线通过标准的接口连接即可。

2．可靠性

大开间办公室布线系统使用的产品必须要通过国际认证，布线标准、线缆安装和测试必须遵循国内的现行布线规范和测试规范。

3．灵活性

每个办公室内信息点和布线应满足用户当前需求，也要满足用户对未来信息传输服务的期望，数据/语音的电缆/光缆布线应是一套完整的系统。

4．合理性

大开间办公室强弱电的布线应严格按照规范要求尽可能降低线缆彼此干扰，线缆须暗敷，若不得已明敷时，尽可能做到横平竖直、外形美观，保证终端设备使用便利。

5．有线和无线优势互补

根据具体建筑物环境和办公要求、长期还是临时使用网络等情况，决定采用有线布线还是无线布线。一般来说，是将有线布线和无线布线有机结合起来。

二、大开间办公室布线技术

1．通道分段双绞线电缆长度

大开间办公室通常采用开放式综合布线，通常是用分隔板将办公室分成若干个工作区，如图3-2所示。

图3-2　大开间办公室分隔出来的工作区

大开间办公室综合布线采用双绞线电缆时，各工作区跳线电缆应符合表3-3所列规范。

表3-3　各工作区跳线电缆规范

通道电缆总长度/m	配线布线电缆H/m	工作区电缆W/m	交接间跳线和设备电缆D/m
100	90	5	7
99	85	9	7
98	80	14	7
97	75	17	7
97	70	22	7

设置集合点（CP），其配线设备应安装在距离楼层配线设备（FD）不小于15m的墙面或其他固定结构上，CP配线设备容量应满足所有工作区信息插座需求。CP是配线电缆的转接点，不设跳线，也不接有源设备，CP引出电缆必须接于工作区的信息插座或多用户信息插座上。通常采用地面（地板下）线槽走线方式，力求线槽在地面或地板垫层中预埋。强电线路可以与弱电线路平行配置，但必须分隔于不同的线槽中，力求为每一个用户提供一个包括数据/语音、不间断电源/照明电源出口的集成面板。

2. 多网统一布线

6类双绞电缆综合布线，语音/数据、视频监控应统筹设计，为楼宇智能化应用打下基础。在100m距离内，可用两对电缆进行双向视频传送，力求一条电缆上同时传输视频和语音信号。办公区室应预留1～2个RJ—45或光纤信息端口，以供扩展。

3. 信息插座及安装位置

信息插座的安装位置有地面、墙面及隔板3种。

1）地面插座只适用于大楼一层办公室，要求安装于地面的金属底盒应当是密封的、防水、防尘并可带有升降的功能。建议根据工作区房间的用途确定位置后，做好预埋。地面插座不宜大量使用，以免影响美观。

2）安装在墙面上时，可沿大开间四周的墙面每隔一定距离均匀地安装RJ—45埋入式插座。RJ—45插座与电源插座应保持200mm的距离，信息插座和电源插座的低边沿线距离地板水平面300mm。

3）在隔板上安装与墙面安装相同，有时要在一块隔板两面都安装信息插座和电源插座，信息插座和电源插座不能处于同一位置（正反两面），应该错开。

4. 办公室电缆走线

若大开间办公室有地面密集信息出口的情况，可先在地面垫层中预埋金属线槽或线槽地板：如果是一楼，则建议开地槽布线，二楼及以上则建议在隔板敷设金属线槽。主干线槽从弱电竖井引出，沿走廊靠墙沿引向设有信息点的办公室，再用支架槽引向房间内的信息点出线口。强电线路可以与弱电线路平等配置，分隔于不同线槽中。

5. 配线设备与网络设备

为便于管理，大开间办公室需要设置配线管理设备。根据办公室大小，可选择中间配线箱、配线柜两种方式。信息点数较少的办公室，可以选择中间配线箱墙面暗装或明装，或选择卡接式配线架，以求支持各类基本数据/语音信息传输。

信息点数较多时，可选择6—12U的配线柜（见图3-3）置于墙角，配线柜内置数据/语音交换机来扩展端口，用6类或超5类RJ—45配线架、110打线式配线架，必要时采用电子配线架。有条件时，可选择智能光纤配线箱与光交换机。

图3-3　配线柜

三、终端设备无线接入

充分利用现有的有线网络终端架构进行无线网络连接，小区域分享网络通信资源，也是大开间办公室信息网络综合布线很好的选择。

终端设备无线接入，就是利用宽带网络终端、无线网卡及一个AP（Access Point）“无线访问接入点”设备进行连接。AP主要在媒体存取控制层MAC中扮演无线工作站与有线局域网络的桥梁角色。有了AP，就像一般有线网络的Hub（多端口的转发器）一样，无线工作站可以快速且容易地与网络相连接。有线宽带网络（ADSL、小区LAN等）到户后，连接到一个AP，然后在计算机中安装一块无线网卡即可。通常一个AP就可以覆盖整个大开间办公室。小区域无线接入网络结构，如图3-4所示。

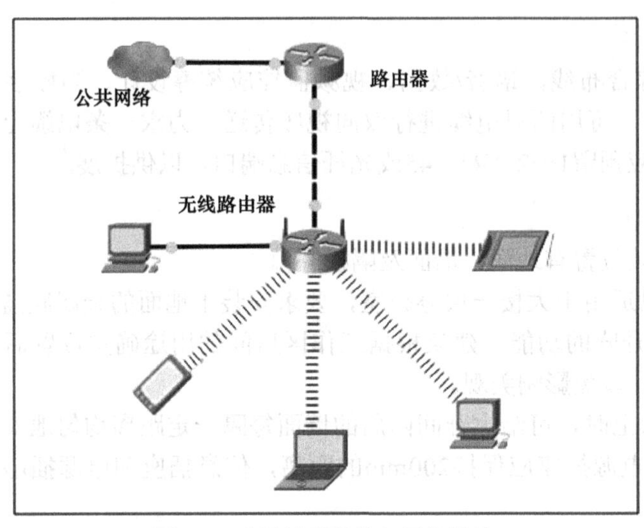

图3-4　小区域无线接入网络结构

练习1　设置无线路由器

大开间办公室直接采用无线路由器来实现集中连接和共享上网，因为无线路由器同时兼具无线AP的集结连接功能。在此，用TP—LINK的一款无线路由器TL—WR886N，设置无线网络信息覆盖大开间办公室。

进程一：连接MODEM

1）将宽带信息电缆、电源分别插入无线路由器对应的接口，无线路由器各端口如图3-5所示。

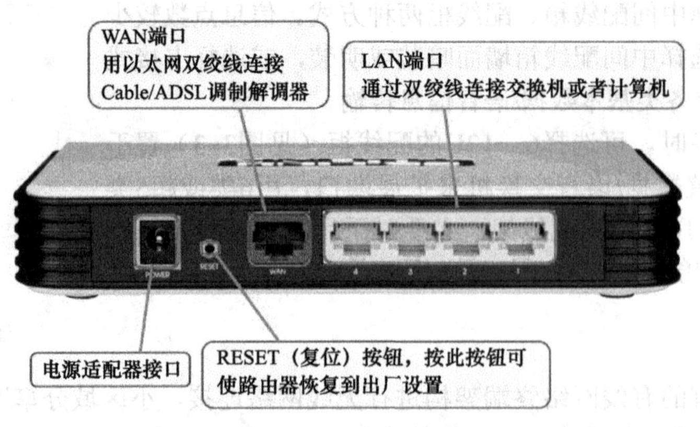

图3-5　无线路由器各端口

2）连接路由器和计算机。用跳线连接WAN和MODEM，电源线连接MODEM对应接口，注意此处是同一根线。也就是说，要将网线的两端分别插入无线路由器和MODEM。另一根网线一端连接无线路由器的LAN端口，另一端连接计算机的网线接口，如图3-6所示。

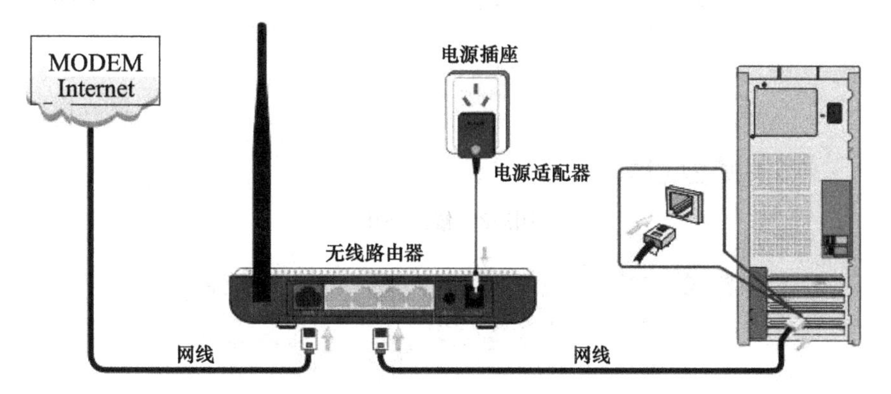

图3-6　无线路由器连线图

进程二：设置本地网络

1）打开计算机，在“我的电脑”上单击鼠标右键，选择“属性”。

2）在本地连接上单击鼠标右键。

3）选中“Internet 协议（TCP/IP）”，然后单击界面上的“属性”。

4）选中“自动获得IP地址”和“自动获得DNS服务器地址”，单击“确定”按钮。

5）打开IE浏览器，输入192.168.1.1（或者输入192.168.0.1），按回车键进入如图3-7所示界面，最后输入口令与密码均为”adimn”，如图3-7所示。

图3-7　登录界面

6）无线网络基本设置：单击“无线设置”→“基本设置”→修改“SSID号”，单击“保存”按钮，如图3-8所示。

7）无线网络安全设置：单击“无线设置”→“无线安全设置”→选择“WPA-PSK/WPA2-PSK”→设置“PSK密码”→单击“保存”按钮，如图3-9所示。

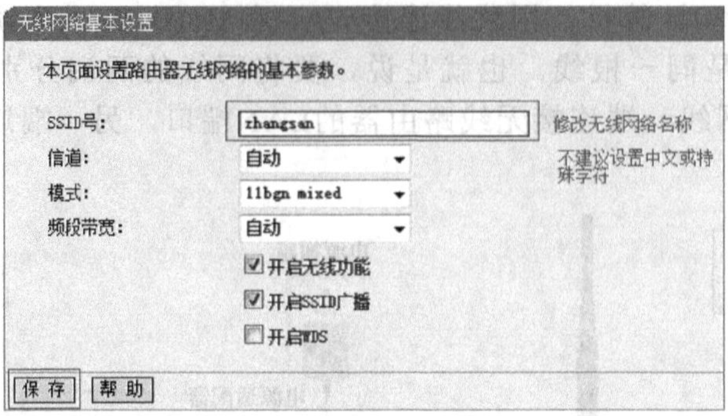

无线网络基本设置

本页面设置路由器无线网络的基本参数。

SSID号： zhangsan 修改无线网络名称

不建议设置中文或特殊字符

信道： 自动

模式： 11bgn mixed

频段带宽： 自动

☑开启无线功能

☑开启SSID广播

☐开启WDS

保存 帮助

图3-8 修改SSID

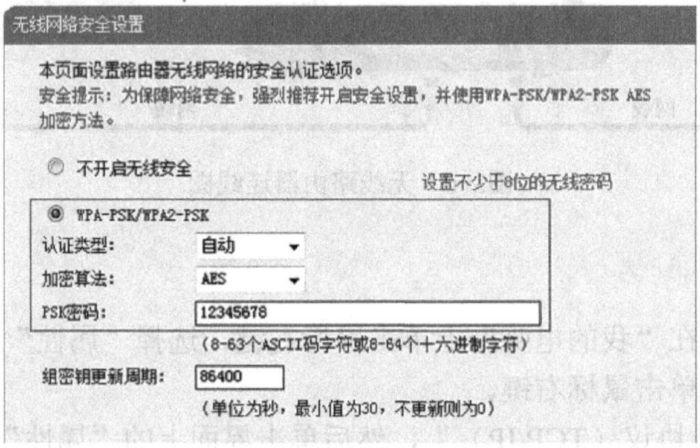

无线网络安全设置

本页面设置路由器无线网络的安全认证选项。

安全提示：为保障网络安全，强烈推荐开启安全设置，并使用WPA-PSK/WPA2-PSK AES加密方法。

○ 不开启无线安全

设置不少于8位的无线密码

◉ WPA-PSK/WPA2-PSK

认证类型： 自动

加密算法： AES

PSK密码： 12345678

（8-63个ASCII码字符或8-64个十六进制字符）

组密钥更新周期： 86400

（单位为秒，最小值为30，不更新则为0）

图3-9 设置PSK密码

说明：SSID号指的是TL—WR 886N路由器的无线网络名称，建议用字母、数字设置，不能使用中文汉字。PSK密码指的是TL—WR 886N的无线网络密码，建议用大小写字母+数字+符号的组合来设置，且密码长度不得小于8位。

8）路由器设置好之后，打开带无线网络功能的计算机、笔记本计算机，双击无线连接，即可以找到自己的无线网络名称，双击连接，输入密码即可上网了。

练习2 工作区与信息点

进程一

现场调查1号教学楼二层房间性质与用途，参照表3-4设计和记录。

表3-4 房间性质和用途调查

楼层序号	房间编号									
	性质用途									

进程二

确定各楼层工作区的类型等级和数量，参照表3-5填写某学校1号教学楼综合布线工作区及信息点表。

表3-5　某学校1号教学楼综合布线工作区及信息点表

楼层编号	工作区数量/个	信息点数量/个	双口RJ—45信息模块数量/个	RJ—45水晶头需求数量/个	双口面板需求数量/个	底盒需求数量/个	BNC需求数量/个	细同轴电缆终端头需求数量/个	备注
1001									
合计									

依据表中数据：说明各楼层综合布线系统设计等级

练习3　4对双绞线电缆跳线制作

扫码看视频

进程一：知识准备

4对双绞线电缆与RJ—45信息插头（水晶头）、插座（信息模块）端接，ANSI/TIA/EIA 568-A和ANSI/TIA/EIA 568-B两种线序方式如图3-10所示。

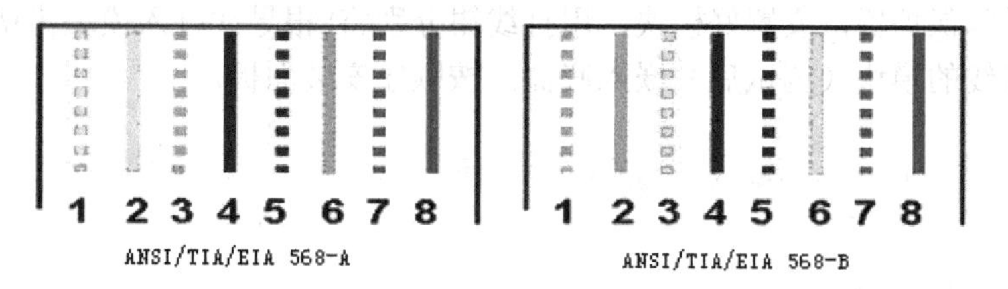

图3-10　ANSI/TIA/EIA 568-A和ANSI/TIA/EIA 568-B两种线序方式

ANSI/TIA/EIA 568-A从左至右线序为：绿白、绿、橙白、蓝、蓝白、橙、棕白、棕。
ANSI/TIA/EIA 568-B从左至右线序为：橙白、橙、绿白、蓝、蓝白、绿、棕白、棕。

进程二：进行水晶头和打接式信息模块端接

1. 水晶头端接步骤

1）用压线钳剥线刀口将双绞线一端剥去30mm的护套皮，注意不得伤及线芯导线。

2）成扇形绞开裸露出来的（蓝绿橙棕）4个线对导线。

3）按T568B标准将8根导线排序。

4）用手指按压尽力使排序后的8根导线紧密靠拢、平整直齐，并用压线钳剪刀平齐剪切，使裸导线预留为14mm。

5）确认8根14mm的导线色序排序符合T568B标准，将水晶头正面前转，用右手将（从左到右）线序齐整的8根导线同时插入水晶头中，并一直插到底。

6）再次确认已插入水晶头中的线对排序，准确无误后，用压线钳压口压接水晶头；

7）重复上述步骤将双绞线另一端压接上水晶头。

8）用线缆测试仪测试压接好水晶头的跳线，分别将两水晶头插入测试仪端口中，打开测试仪，观看指示灯是否顺序闪烁。闪烁交错，说明线序排错，须重作。

2. 打接式信息模块端接步骤

信息模块结构如图3-11所示。

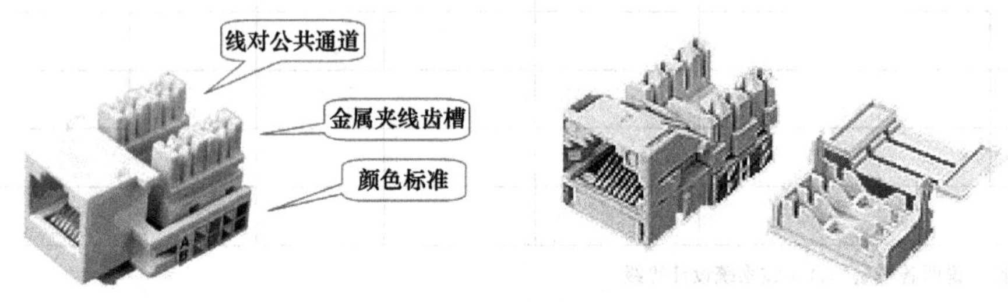

图3-11 信息模块结构

1）将双绞线穿过底盒，用压线钳剥线刀口将双绞线一端穿入剥去30mm的护套皮（不得伤及线芯导线）。

2）成扇形绞开裸露出来的（橙绿蓝棕）4个线对导线。

3）用手指按压拉直8根导线，对照T568B标准按模块线序分别将各色码导线分开成扇形。

4）将成扇形的8根导线正对模块嵌入口，分别将各色码导线按模块线序用手按压入齿槽中。

5）戴上手掌保护器，安置好模块，用打线钳分别将8根导线打入模块齿槽口中。

6）将打好线的模块（测试后）嵌入底盒，按顺序安装面板。

练习4 BNC与同轴电缆（组装式）端接

进程一：材料与工具准备

准备工具：同轴电缆、剥线钳、剥线刀、十字螺钉旋具、BNC接头。

BNC接头（见图3-12）有压接式、组装式和焊接式三种与同轴电缆端接方法。其中，免焊组装式是快速接法，简单易操作。

图3-12 BNC接头

进程二：按下述步骤练习

1）分割电缆，专用剥线钳将电缆剥除掉30mm外护套，然后剥开铜芯，剪掉锡箔纸。

2）使金属屏蔽网穿过铁片，将屏蔽网金属紧紧缠绕压紧固定在铁片上，将剪掉锡箔纸剥开铜芯的电缆插入BNC接头中间螺孔，立即用螺钉旋具拧紧螺钉压住铜芯。

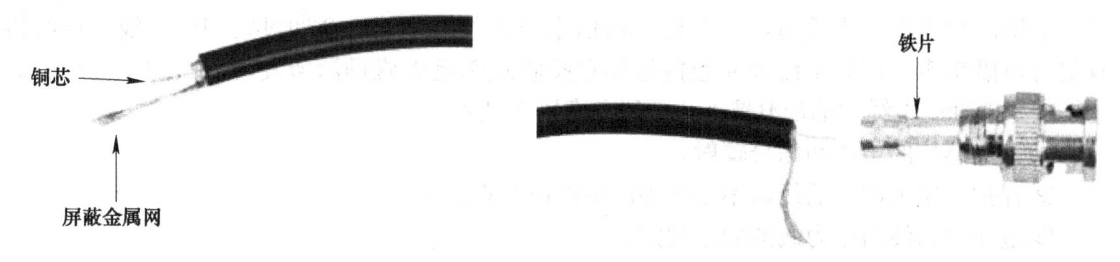

图3-13　剥开铜芯并剪掉锡箔纸后的铜缆

图3-14　铜芯插入BNC前铁片位置

3）将金属屏蔽网紧压在外护套上，检查金属网与铜芯之间是否严格隔离开。确认铜芯与螺孔连接牢固后，即将电缆保护金属套筒紧紧拧在BNC接头上。

4）使用网线测试仪进行连通性测试。如果没有网线测试仪，也可以普通的万用表进行测试，测量时需将万用表档位打在×10电阻档，用表笔的两端分别接触探针或者连接器内壁，如果电阻很小，说明网线的制作是成功的。如果任一方测试阻值较大（表针不摆动或者摆动非常小），说明网线制作不成功，需重新制作。

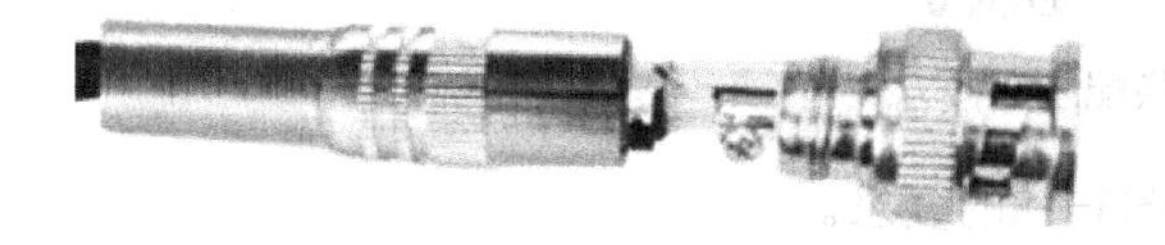

图3-15　电缆保护金属套筒紧紧拧在BNC上

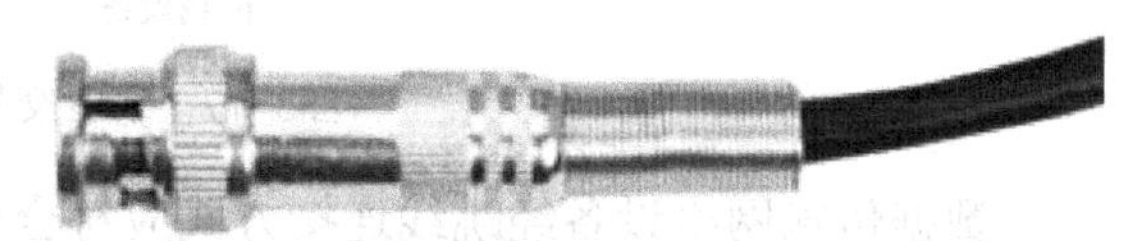

图3-16　BNC与同轴电缆端接成功

学习任务2　配线子系统布线技术

学习目的

了解配线子系统设计的技术要求；掌握配线设计步骤；能进行配线方案设计。

链接1　配线子系统设计技术要求

配线子系统是综合布线工程中工程量最大、范围最广、最难施工的一个子系统。配线子系统设计涉及传输介质、布线路由、管槽、线缆长度等的确定，以及线缆和设备的配置。它们既相互独立又密切相关，在设计中应注意相互配合，综合考虑。

一、配线电缆防电磁辐射要求

从楼层电信间FD布放到工作区通信引出端（TO）的配线电缆易受到外界电磁干扰

（EMI），同时其电信号（电磁变化）也会对外界电子设备造成干扰。特别是布线通道内同时安装电信电缆和电源电缆时，电缆敷设要符合以下技术要求。

1）屏蔽的电源电缆与电信电缆并线时不需要分隔。

2）非屏蔽通信电缆与电源电缆分隔距离不小于100mm。

传输信息的电缆既是EMI发生器，又是接收器。作为发生器，它是辐射电磁信号的噪声源，灵敏的收音机、电视机、计算机、通信系统和数据系统，会通过它们的天线、连线接收这种电磁噪声。同时电缆本身也能敏感地接收从邻近电磁场源所发射的电磁“噪声”。为了较好地抑制电缆中的EMI噪声，必须考虑以下几点：

①减少感应的电压和信号辐射。

②保护规定范围内的线路不受外界产生的EMI的影响。

③遵守通信线与电力线的间距规定。

④每一楼层的电缆从FD到工作区TO，线缆隐藏在天花板、线槽或地板内。如果暴露在外，要保证电缆排列整齐，使电缆在屋角内、天花板内及护壁接合处走线。

⑤明确FD设备与配线电缆连接方式：

语音交换配线连接方式应符合图3-17的要求。

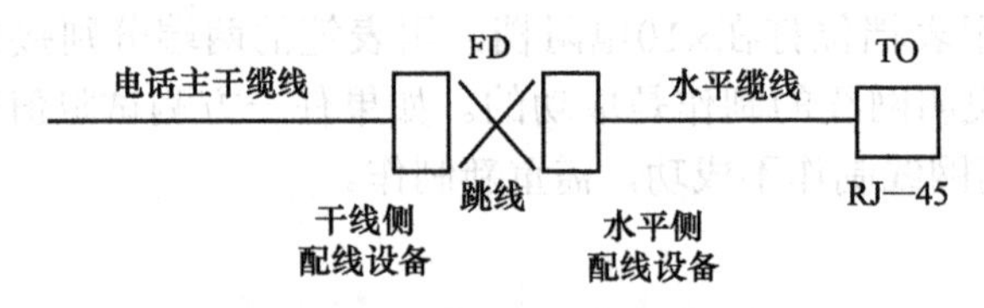

图3-17　语音交换配线连接方式

数据传输网络设备经跳线连接方式应符合图3-18的要求。

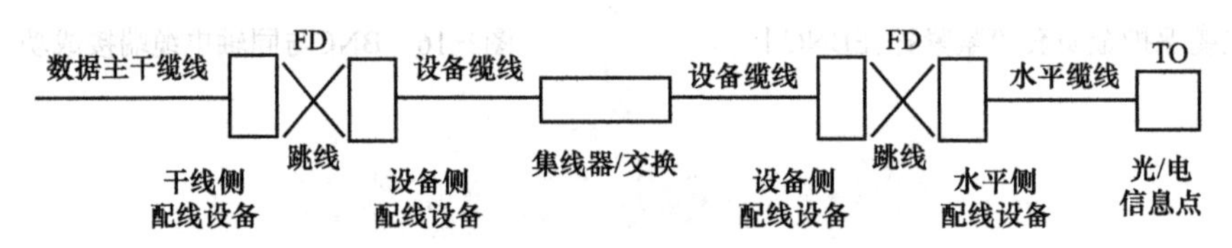

图3-18　数据传输网络设备经跳线连接方式

设备线缆连接方式应符合图3-19的要求。

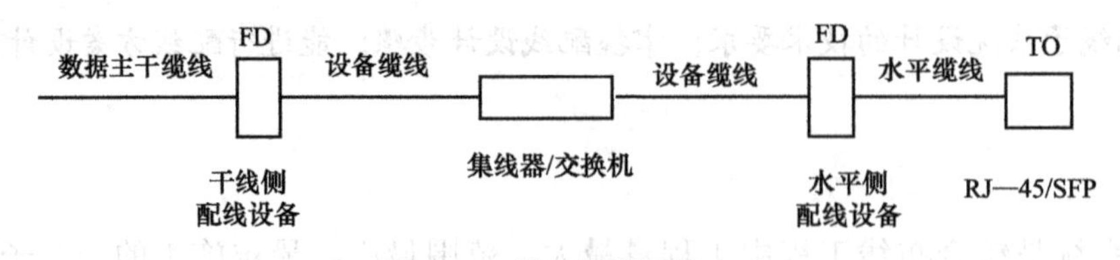

图3-19　设备线缆连接方式

二、配线子系统设计线缆与连接件选择

根据工程提出的近期和远期终端设备的设置要求，确定连接建筑物各楼层信息插座模块的电缆类别及其数量，留出扩展空间。

配线子系统线缆通常采用非屏蔽或屏蔽4对对绞电缆，在需要时也可采用室内多模或单模光缆。

1．线缆选择

线缆类型的选择由用户要求和布线环境决定，供配线子系统选择的线缆有4种：

1）100Ω非屏蔽双绞线（UTP）电缆。

2）100Ω屏蔽双绞线（STP）电缆。

3）50Ω同轴电缆。

4）62.5μm/125μm、50μm/125μm光缆。

常用的配线电缆是UTP4对绞电缆，能支持大多数通信设备对传输性能的要求。一般情况下，配线电缆推荐采用特性阻抗为100Ω的对称平衡电缆。

目前，高速率传输系统配线电缆可以选择62.5μm/125μm、50μm/125μm多模光缆，必要时采用单模光纤光缆。

在配线子系统中，配线容量按信息点数确定，至少考虑25‰的备用量。

2．配线模块选择

1）多线对端子配线模块可以选用4对或5对卡接模块，每个卡接模块对应卡接一根4对对绞电缆。

2）25对端子配线模块可卡接一根25对大对数电缆或6根4对对绞电缆。

3）回线式配线模块（8回线或10回线）可卡接2根4对对绞电缆或8/10回线。

4）RJ—45配线模块（由24或48个8位模块通用插座组成）每一个RJ—45插座应可卡接一根4对对绞电缆。

5）光纤连接器件每个单工端口应支持1芯光纤的连接，双工端口则支持2芯光纤的连接。

3．配线设备跳线选择与配置

1）语音传输跳线宜按每根1对或2对对绞电缆容量配置，跳线两端连接插头采用RJ11/RJ—45型。

2）数据跳线按每根4对对绞电缆配置，跳线两端连接插头采用RJ—45型。

3）光纤跳线按每根1芯或2芯光纤配置，光纤跳线连接器件用ST、SC或SFF型。

4．配线子系统长度确定

配线子系统的网络拓扑结构都为星形结构，它是以楼层电信间FD配线架为主节点，各个通信引出端TO为分节点，二者之间采取独立的线路相互连接，形成以FD为中心向外辐射的星形线路网。

根据GB 50311—2016，配线子系统的双绞线最大长度为90m。配线子系统中各部分的距离限制，如图3-20所示。

1）配线子系统信道的最大长度不应大于100m，即90m配线电缆（永久链路）与两根5m跳线的长度；整个信道4个连接器件连接，90m永久链路线缆3个连接器件连接。

2）工作区设备线缆、配线设备楼层（FD）的跳线和设备线缆之和不应大于10m。当大于10m时，90m配线线缆长度应适当减少。

3）楼层配线设备（FD）跳线、设备线缆及工作区设备线缆各自的长度不应大于5m。

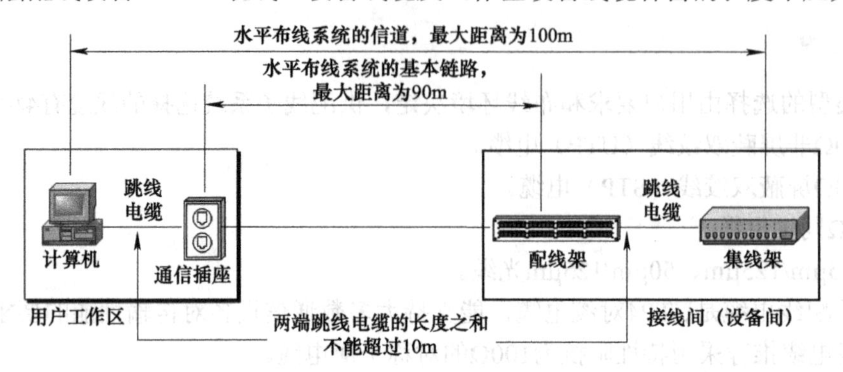

图3-20　配线子系统布线距离

当配线布线中拥有一个集合点（CP）时，CP与楼层配线架FD的距离不小于15m，且集线点至信息插座的最小长度也应不小于5m。

链接2　配线子系统电缆路由走线

一、配线子系统电缆路由设计方式

针对不同的建筑物，应从不同角度、不同用途、不同的建筑结构来设计配线电线缆路方向和路由，综合考虑布线规范、工程造价、隐蔽美观、施工方便和扩展方便等。设计中往往会存在一些矛盾，考虑了布线规范又影响了建筑物的美观，考虑了路由长短又增加了布线施工难度。对于结构复杂的建筑物一般都要设计多套路由方案，通过对比分析，选取一个较合理的方案。

目前，一般有以下几种路由设计方式：天花板吊顶内敷设线缆方式、地板下敷设线缆方式、走廊槽式桥架方式和墙面线槽方式，或以这几种方式为基础的综合方式。

1．天花板吊顶内敷设线缆方式

在天花板吊顶内敷设线缆方式有分区布线法、内部布线法和电缆槽道布线法三种。

1）分区布线法。将天花板内的空间分成若干个小区，敷设大容量电缆。从转接点利用管道穿放或直接敷设到每个分区中心，由分区中心分出线缆经过墙壁或立柱引向通信引出端。也可在中心设置适配器，将大容量电缆分成若干根小电缆再引到通信引出端。

2）内部布线法。内部布线法是指从楼层电信间FD将电缆经天花板直接敷设到信息插座的方式。

3）电缆槽道法。电缆槽道法利用敞开式槽道吊挂在天花板内进行布线的方式。这是使用最多的天花板吊顶内敷设线缆方式。线槽可选用金属线槽，也可选用阻燃、高强度的PVC槽。

这三种方法都要求有一定的操作空间，以便于施工和维护，天花板（或吊顶）上的适当位置应设置检查口，以便日后维护检修。

2．地板下敷设线缆方式

地板下敷设线缆方式在智能化建筑中使用比较广泛，尤其是新建和扩建的房屋建筑。

1）地板下预埋管路布线法。它是强、弱电线缆统一布置的敷设方法，由金属导管和金属线槽组成。

2）地面线槽布线法。这种方式在地板表面预设线槽（在地板垫层中），同时埋设地面通信引出端，因此地面垫层较厚，一般为70mm以上。线槽有50mm×25mm和70mm×25mm（厚×宽）两种规格，为了布线方便，还设有分线盒或过线盒，以便连接。

3）蜂窝状地板布线法。这种方式地板结构较复杂，一般采用钢铁或混凝土制成构件，其中导管和布线槽均事先设计，一般用于电力、通信两个系统交替使用的场合。

4）高架地板布线法。高架地板为活动地板，由许多方块面板组成，置放在钢制支架上，每块面板均能活动，便于安装和检修线缆。

5）地板下管道布线法。这种方式在地板下置放许多金属管，以接线间为开始点向用户终端设备的位置用金属管呈辐射式敷设。如有足够数量的通信引出端，可以适应较多用户终端设备的需要。

3. 走廊槽式桥架方式

对一座既没有天花板吊顶又没有预埋管槽的已建建筑物，配线子系统布线通常采用走廊槽式桥架和墙面线槽相结合的方式来设计布线路由。当布放的线缆较多时，走廊使用槽式桥架，进入房间后采用墙面线槽。

走廊槽式桥架是指将线槽用吊杆或托臂架设在走廊的上方。线槽一般采用镀锌和镀彩两种金属线槽，镀彩线槽抗氧化性能好，镀锌材料相对便宜，常见的规格有50mm×25mm、100mm×50mm、200mm×100mm等，厚度有0.8mm、1mm、1.2mm、1.5mm、2mm等规格。槽径越大，要求厚度越厚。50mm×25mm的厚度要求一般为0.8～1mm，100mm×50mm厚度要求一般为1.2～1.5mm，200mm×100mm厚度要求一般为1.2～1.5mm。也可根据线缆数量，向厂家定做特型线槽。

4. 墙面线槽方式

墙面线槽方式适用于既没有天花板吊顶又没有预埋管槽的已建建筑物的水平布线，如图3-21所示。墙面线槽的规格有24mm×14mm、39mm×19mm、60mm×40mm、100mm×30mm等，可根据线缆的多少选择合适的线槽。这种方式主要用于房间内布线，当楼层信息点较少时也用于走廊布线。

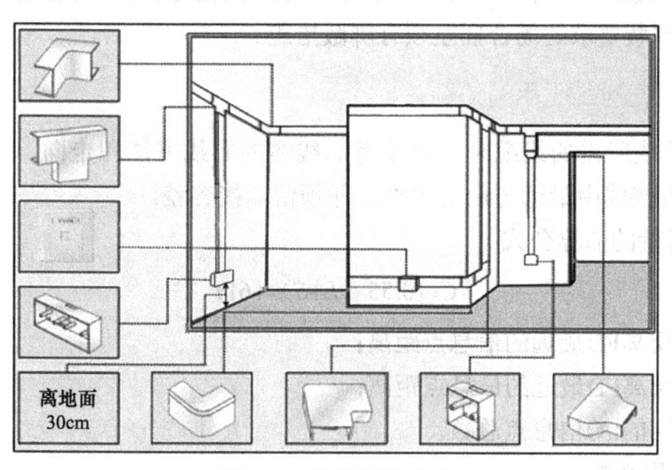

图3-21　墙面线槽方式

护壁板管道布线方式也属于墙面布线的一种。它是一个沿建筑物护壁板敷设的金属管道，通常用于墙上装有较多信息插座的楼层区域。电缆管道前面的盖板是活动的，可以移走。信息插座可装在沿管道的任何位置上。

除上述几种敷设方式外，有时还采用地板导管布线方式、模制管道布线方式。

二、配线子系统设备配置

配线子系统设备配置主要是楼层电信间配线架FD和通信引出端TO的配置。选用FD的容量时，应根据该楼层目前用户信息点的需要和今后可能发展的数量来决定。此外，还应考虑为设备预留适当空间，以便今后扩建时安装连接部件。

以信息点（I/O）数量及位置为参照，同时考虑终端设备将来可能产生的移动、修改、重新安排以及一次性建设和分期建设的可能性。通信引出端的配置与综合布线系统的类型等级、传输速率、传输媒介和采用的线缆类型有关，其配置原则见表3-6。

表3-6　通信引出端（信息插座）的配置原则

序　号	类型等级	传输速率	传输媒介	线缆类型	备　注
1	基本型	低速率系统	3类双绞线对称电缆	单连接4芯插座	在高速率传输系统中，传输媒介也可以用光缆
		高速率系统	5类双绞线对称电缆	单连接8芯插座	
2	增强型	低速率系统	3类双绞线对称电缆	双连接4芯插座	在高速率传输系统中，传输媒介也可以用光缆
		高速率系统	5类双绞线对称电缆	双连接8芯插座	
3	综合型	高速率系统	5类双绞线对称电缆和多模光缆或单模光缆（用于主干布线系统上）	双连接8芯插座或更多信息插座	一般以光缆为主，也可以与双绞线电缆混合组网

信息插座的布设可采用明装式或暗装式，在条件可能的情况下宜采用暗装式。信息插座应在内部做固定线连接，不得空线、空脚，终接在信息插座上的五类双绞电缆开绞度不宜超过13mm。有屏蔽要求的场合插座须有屏蔽措施。

三、配线子系统的线缆用量估算

估算配线子系统所需的线缆时，必须考虑线缆的布线方法和走向，确认楼层电信间到信息插座I/O的所有接线中最远与最近距离，并预留端接容差。

双绞线电缆用量的估算公式

$$C=[0.55（L+S）+6]n$$

式中　L——本楼层离FD最远的信息点距离；

S——本楼层离FD最近的信息点距离；

n——本楼层的I/O信息点总数；

0.55——备用系数；

6—— 端接容差。

市面上常见的是1000ft（1000ft≈305m）的包装形式，所以每箱双绞线长度通常称为305m。在订购双绞线时，一般以箱为单位订购，305m为一个整段，在配线布线时要求保证线缆的连续性，所以要考虑整段的分割问题。设计人员可用这种算法来确定所需线缆长度，再将所需订购的线缆长度折算成线缆箱数。

四、设计配线子系统时应注意的问题

1）线缆选型时应选择有工程经验的厂家，其通信电/光缆产品应通过国家电气屏蔽检验；

2）避免强、弱电通路对数据传输产生影响；

3）尽量根据用户提供的办公家具布置图进行设计，避免线槽或管道的出口被办公家具挡住；

4）一定要考虑未来发展的需要，留有一定的备用线路和端口；

5）地面线槽的主干部分尽量打在走廊的垫层中；

6）楼层信息点较多时，应同时采用地面管道与吊顶内线槽相结合的方式。

练习1　估算教学1号楼配线子系统线缆用量

1）依据学校教学1号楼综合布线工作区及信息点表，估算整栋大楼配线子系统线缆用量为多少箱。

进程一：现场测量楼层**FD**到**I/O**信息点最远距离***L***与最近距离***S***

进程二：根据估算公式计算结果

2）教学1号楼二层需要设置200个信息点，且语音/数据信息点各占50%，请完成这一楼层100个语音信息点、100个数据信息点设备与线缆配置设计。

（1）线缆配置

1）FD配线（水平）侧按100根2对连接电缆配置；

2）FD语音主干线缆按110配线架（大对数电缆）（10%备份线对）配置；

3）FD配线（水平）侧按100根4对连接电缆配置；

4）FD数据主干线缆（最小量配置）按4根4对绞电缆或一根8芯光缆配置。

（2）设备配置

语音/数据点线缆均配置5个24端口HUB/SW。

进程一：写出上述配置推算过程

进程二：推算语音/数据模块数量

进程三：估算语音/数据线缆用量

练习2　熟悉配线子系统管槽路由

进程一：实地调研教学1号楼配线子系统管槽路由。

进程二：请填写表3-7。

表3-7　教学1号楼配线子系统管槽路由

层　数	管规格型号	槽规格型号	路 由 选 择	管槽路由选择理由
1层				
2层				
3层				
4层				
5层				
6层				
7层				

学习任务3　干线子系统布线技术

学习目的

了解干线子系统设计的技术要求；掌握设计步骤，能设计方案；能熟练运用光纤熔接技术。

建筑物内部连接楼层电信间配线架FD与设备间主配线架BD的信息传输电缆，即是要设计的干线子系统。干线子系统通常是指建筑物内垂直方向电缆，它提供建筑物内信息传输的主要路由，是建筑物综合布线的主动脉、内外通信的中枢。干线子系统的设计，即要满足用户当前的业务需要，还要适应用户将来的发展需求。

链接1　干线子系统设计技术要求

选择干线子系统路由位置时，应力求干线电缆的长度最短、路由最安全、便于施工，符合网络结构需要，并能满足用户信息点和配线线缆分布的需要。通常其路由选在所连接区域的中间，使楼层管路和配线子系统布线的平均长度适中，有利于保证信息传输质量和减少管线设施的费用。

干线长度若超过所选择电缆最大传输距离，应设置中间设备间二级干线交接。

干线子系统中的主干线路总容量，应根据综合布线系统中语音和数据信息共享的原则和设计的等级确定。

干线电缆可采用点对点端接，也可采用分支递减端接以及电缆直接连接。

例如，计算机网络，如果设备间BD与计算机机房处于不同的地点，而且需要把语音电缆连接至设备间，把数据电缆连至计算机机房，则宜在设计中选取不同类型规格的干线电缆，来分别满足不同路由的语音和数据的需要。目前均采用光缆。

干线电缆或光缆布线的交接不应多于两次。从电信间配线架FD到建筑群配线架CD间只应通过一个建筑物设备间配线架BD。当综合布线只用一级干线布线进行配线时，放置干线配线架的二级交接间可并入楼层电信间（FD）中。

干线子系统的线缆并非严格要求垂直布置。从概念上讲，它是建筑物内的干线通信线缆。在某些特定环境中，如低矮而又宽阔的单层平面大型厂房的干线子系统的线缆就是平面布置的，同样起着连接各FD的作用。在大型建筑物中，干线子系统可以由两级甚至三级组成，但不宜超过三级。

干线子系统宜选择在大楼内有竖井或电缆孔的封闭型通道里布放。封闭型通道是指一连串上下对齐的楼层配线间，穿过楼层配线间的地板层，用于敷设干线线缆。而开放型通道是指从建筑物的地下室到楼顶的一个开放空间，中间没有任何楼板隔开。

建筑物通风道或电梯的通道不能用于敷设干线线缆。

一幢大楼里配置有弱电竖井，也有强电竖井。弱电竖井可用于放置综合布线系统的干线线缆；强电竖井用于放置380V或220V的电源线。

一、干线子系统设计线缆选择

根据建筑物的楼层面积、建筑物的高度和建筑物的用途来选择干线线缆的类型，通常采用以下4种类型的线缆。

1）100Ω双绞电缆。

2）150ΩSTP电缆。

3）8.3μm/125μm单模光缆。

4）62.5μm/125μm多模光缆。

设计大楼干线子系统，应明确语音网与数据网的共享关系以及能支持应用的最高速率，确定线缆的传输速率和种类。

在干线子系统中，数据网宜采用多模或单模光纤，每个主交换间数据网主干光缆芯数一般不应少于6芯。

采用双绞电缆时，根据应用环境可选用非屏蔽双绞电缆（UTP）或屏蔽双绞电缆（STP）。全程传输距离在100m之内宜采用5类或6类双绞线，阻抗宜选用100Ω双绞线。

根据各层信息点数及楼宇（用户）类别，综合确定楼内主干线缆的芯/对数，语音信息点按需求线对总数的10%预留备用，数据信息点按4个HUB（或SW）设置一个备份端口配置主干线缆。

二、干线子系统的布线距离

连接建筑群配线架（CD）到楼层配线架（FD）间的线缆不应超过2000m，连接建筑物配线架（BD）到楼层配线架（FD）的线缆不应超过500m。

设备间的主配线架BD设在建筑物的中部附近，仍然超出上述线缆长度限制时，则重新考虑线缆选择，使每个区域满足相应的传输距离要求。

1）采用单模光缆，建筑群配线架CD到楼层配线架FD的最大距离可以延伸到3000m。

2）采用五类双绞电缆时，对于传输速率超过100Mbit/s的高速应用系统，布线长度不宜超过90m，否则应选用单模或多模光缆。

3）在建筑群配线架CD和建筑物配线架BD上，接插软线和跳线长度不宜超过20m，超过20m的长度应从允许的干线线缆最大长度中相应减少。

比如62.5μm/125μm多模光纤的信息传输速率为100Mbit/s时，传输距离为2km。这种光纤通道传输千兆位以太网（1000Base-SX）信息，采用8B/10B编码技术，并使用损耗最小的短波长（850nm）光端机，传输距离缩短为275m。8.3μm/125μm单模光纤通道传输千兆位以太网（1000Base-LX）信息，使用长波长（1310nm）光端机，传输距离仅为3km。

电信设备（如用户交换机）直接连接到建筑群配线架CD或建筑物配线架BD的设备电缆或光缆长度不宜超过30m。如果使用的设备电缆或光缆超过30m，则干线电缆和干线光缆的长度应相应减少。

延伸业务（如通过天线接收）可以从远离配线架的地方进入建筑群或建筑物。这些延伸业务引入点到连接这些业务的配线架间的距离，应包括在干线布线的距离之内。如果有延伸业务接口，则与延伸业务接口位置有关的特殊要求也会影响这个距离。应记录所用线缆的型号和长度，必要时还应提交延伸业务提供者。

三、干线子系统的设计步骤

1. 设计前应做到以下几点

1）确定每层楼的干线要求。

2）总结整座楼的干线要求。

3）确定从楼层FD到设备间BD的干线电缆路由。

4）确定干线接线结合方式。

5）估算干线电缆的用量。

6）确定敷设时附加横向电缆的支承结构。

2. 路由设计的两种方式

1）电缆孔方式。干线通道中所用的电缆孔是很小的管道，通常用直径为10cm的刚性金属管做成。它们嵌在混凝土地板中，这是在浇注混凝土地板时嵌入的，比地板表面高出2.5～10cm。电缆往往捆在钢绳上，而钢绳又固定到墙上已铆接好的金属条上。当各楼层电信间FD上下都对齐时，一般采用电缆孔方法。

2）电缆井方式。此方式常用于干线通道。电缆井是指在每层楼板上开出一些方孔，使电缆可以穿过这些方孔并从该层楼伸到相邻的楼层。电缆井的大小依所用电缆的数量、规格而定。与电缆孔方式一样，电缆也是捆在地板三脚架上或箍在支承用的钢绳上，钢绳靠墙上金属条或地板三脚架固定住，也可以在离电缆井很近的墙上设置立式金属架，这样可以支承很多电缆。电缆井的选择性非常灵活，可以让粗细不同的各种电缆以任何组合方式通过。

链接2　干线子系统结合方式

干线子系统连接（包括干线交接间与二级交接间的连接）主要有点对点端接、分支连接和混合式连接3种。这3种连接方式根据网络拓扑结构和设备配置情况可单独采用，也可混合使用。

一、点对点端接

点对点端接是最简单、最直接的线缆连接方法，每根干线电缆直接延伸到楼层FD配线架，如图3-22所示。

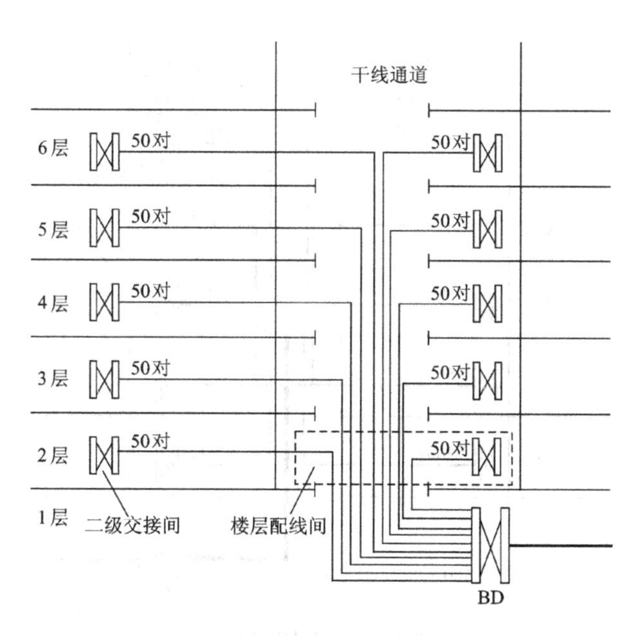

图3-22　点对点端接

此种连接只用一根电缆独立供应一个楼层，其对绞线对数或光纤芯数应能满足该楼层的全部用户信息点的需要。主要优点是主干线路由采用容量小、重量轻的电缆独立引线，没有配线的接续设备介入，发生障碍容易判断和测试，有利于维护管理，是一种最简单直接的相连方法。此种连接方式的缺点是电缆条数多、工程造价增加、占用干线通道空间较大。因各个楼层电缆容量不同，安装固定的方法和器材不统一会影响整体美观。

二、分支连接

分支连接采用一根通信容量较大的电缆，再通过接续设备分成若干根容量较小的电缆，分别连到各个楼层。

分支连接方式的主要优点是干线通道中的电缆条数较少，节省通道空间，有时比点对点端接方法工程费用少。它的缺点是电缆容量过于集中，若电缆发生障碍，波及范围较大。

由于电缆分支经过接续设备，因而在判断检测和分隔检修时增加了困难和维护费用。对于这种连接方法可分为以下两种情况，即单楼层连接与多楼层连接。

1）单楼层连接。当干线接线间只用作通往各远程通信（卫星）接线间的电缆的过往点时，就采用单楼层连接方法。也就是说，干线接线间里没有提供端接I/O用的连接硬件。一根电缆通过干线通道到达某个指定楼层，其容量足以支持该楼层所有接线间的通信需要。安装人员用一个适当大小的绞接盒，把这根主电缆与粗细合适的若干根小电缆连接起来，并把这些小电缆分别连到各个卫星接线间。

2）多楼层连接。该方法通常用于支持5个楼层的通信需要（以每5层为一组）。一根主电缆向上延伸到中点（第3层），安装人员在该楼层的干线接线间里装上一个绞接盒，然后用它把主电缆与粗细合适的各根小电缆分别连接在一起，再把各个电缆分别连接到上两层和下两层。

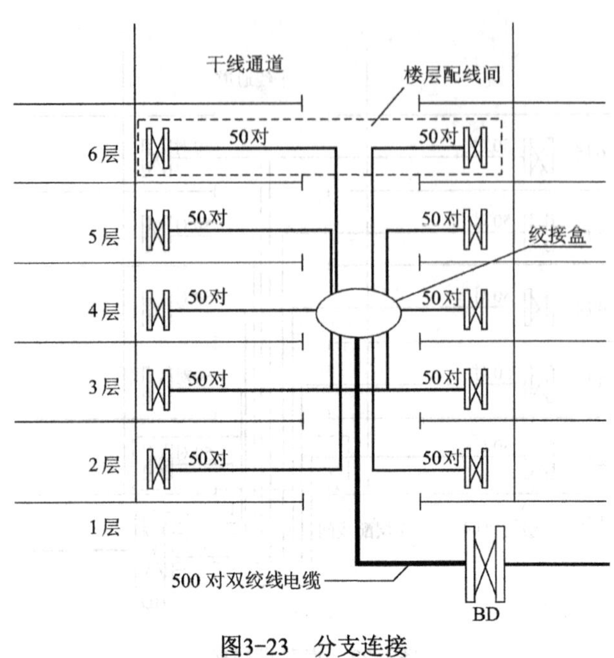

图3-23　分支连接

三、混合式连接

混合式连接是一种在特殊情况下采用的连接方法（一般有二级交接间），通常采用端接与连接电缆混合使用的方式，在卫星接线间里完成端接，同时在干线接线间中实现另一套完整的端接，如图3-24所示。在干线接线间里可以安装所需的全部110型交接硬件，建立一个白场—灰场接口，并用合适的电缆横向连往该楼层FD。

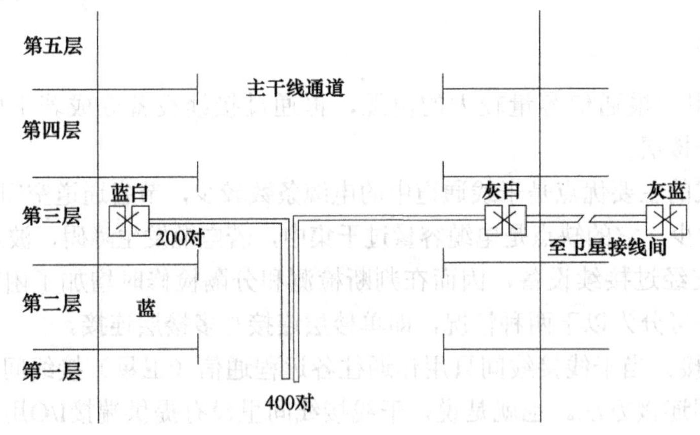

图3-24　混合式连接

直接连接是特殊情况下使用的技术，一种情况是一个楼层的所有配线端接都集中在楼层FD，以方便管理线路路由；另一种情况是楼层FD配线架容量太小，在主配线架BD上完成端接。

上述连接方法中采用哪一种，应根据网络拓扑结构、设备配置情况、电缆成本及连接工作所需的劳务费来全面考虑，进行合理的工程成本分析，通常为了保证网络通信安全可靠，常首选点对点端接方法，若工程需要或成本合理也选择分支/混合连接方式。

四、干线子系统结合注意事项

1）连接设备间BD与楼层FD的语音/数据电缆应预设足够的备份。

2）如果建筑物只有一层，无需垂直干线通道，设备间BD内的端接点用作计算距离的起点，可按配线电缆估算出电缆用量。

3）如果在上述路由中存在着某些较大的弯道，应记录该弯道的性质与位置。

五、干线子系统线缆用量估算

1. 确定干线子系统规模

干线子系统通道，就是由一连串FD电信间地板垂直对准的电缆孔或电缆井。在给定楼层中所要服务的所有终端设备都在距FD配线架75m的范围之内，一般采用单干线接线系统。凡不符合这一要求的，则要进行双通道干线子系统设计，采用分支电缆与楼层电信间FD相连接的二级交接间。

2. 确定每层楼的干线

在确定每层楼的干线线缆类别和数量时，应当根据楼层FD数量需求进行推算，根据选定的结合方式确定干线电缆用量。

在确定干线子系统所需要的线缆总对数之前，必须坚持线缆中信息（信号）共享的原则。

3. 干线线缆估算

每层干线线缆长度（m）=[距BD的楼层层高+2×电缆井至BD距离+端接容限（光缆10m、双绞线缆6m）]×每层干线线缆根数

整个建筑物大楼干线线缆总用量应等于各楼层垂直线缆长度之和。

学习任务4　设备间布线技术

学习目的

了解设备间子系统设计的技术要求；掌握设计步骤，会确定设计方案；能够进行机柜及设备选型。

设备间（BD）内集中安装大型通信设备、主配线架和进出线设备，是综合布线系统管理维护的主要场所，通常位于建筑物大楼的中间部位。

设备间子系统由电缆、连接器和相关支承硬件组成。设备间的主要设备有网络信息交换机、计算机、配线设备、电源和不间断电源UPS等。

链接1　设备间设计技术要求

一、设备间位置的选择

设备间是外界引入（包括公用通信网或建筑群间主干布线）和楼内布线的交汇点，所

以确定设备间的位置极为重要。设备间位置的选择应考虑以下几个因素。

1）尽量位于干线子系统的中间位置，以使干线路由最短。

2）尽可能靠近建筑物电缆引入区和网络接口。

3）尽量靠近电梯，以便搬运大型设备。

4）尽量远离高强振动源、强噪声源、强电磁场干扰源和易燃易爆源。

5）尽可能选择环境安全、干燥通风、清洁明亮的位置和便于维护管理的地板，其承重能力不低于500kg/m^2。

6）尽可能按照接地标准选择便于接地且切实有效的接地位置。

二、设备间空间要求

设备间的主要设备有语音/数据交换机、计算机、配线架等，它是管理和维护人员工作的场所，设备间空间（从地面到天花板）保持2.55m高度的无障碍空间；门的高为2.1m，宽为0.9m；门开启方向须向外。

设备间内的所有进/出线及终端设备，用色标标示，区别各种不同用途的配线区，便于用户对整个系统的维护。

设备间的面积和净高，应根据建筑物的规模、安装设备的数量和规格、网络结构要求以及未来发展需要等因素综合考虑。当设备间和主交接间合二为一时，总面积应不小于二者分立时的面积之和。设备间最小使用面积不小于20m^2。对于设备间的使用面积，可参考以下2个公式进行计算。

公式一：

$$S = K\sum_{i=1}^{n} S_i$$

式中　S—— 设备间使用的总面积，单位为m^2；

K—— 系数，每一个设备预占的面积，一般K选择5、6或7（根据设备大小来选择）；

S_i—— 各设备；

n—— 设备间内的设备总数。

公式二：

$$S=KA$$

式中　S—— 设备间的使用总面积，单位为m^2；

K—— 系数，同公式一；

A—— 设备间内的设备总数。

链接2　设备间环境与安全

一、温度和湿度

一般将设备间温度和相对湿度分为A、B、C三级，设备间可按某一级执行，也可按某几级综合执行，具体指标见表3-8。

表3-8 设备间温度、相对湿度和温度变化率

项　　目	A级	B级	C级
温度/℃	22.4（夏季） 1.4（冬季）	12～30	8～35
相对湿度（%）	40～65	35～70	30～80
温度变化率/（℃/h）	小于5时设备间不凝露	大于0.5时设备间不凝露	小于15时设备间不凝露

设备间的温度、湿度和尘埃，对微电子设备的正常运行及使用寿命都有很大的影响。

过高的室温会使元件失效率急剧增加，使用寿命下降；过低的室温又会使磁介质等发脆，容易断裂。温度的波动会产生"电噪声"，使微电子设备不能正常运行。相对湿度过低，容易产生静电，对微电子设备造成干扰；相对湿度过高会使微电子设备内部焊点和插座的接触电阻增大。尘埃或纤维性颗粒积聚、微生物的作用还会使导线腐蚀，进而断掉。

在设计设备间时，应根据具体情况选择合适的空调系统。

设备间的热量主要由以下几方面产生：

1）各种电子设备发出热量。

2）照明灯具发出热量。

3）设备间外围结构发出热量。

4）室内工作人员发出热量。

5）室外补充新鲜空气带入的热量。

计算出上列总发热量再乘以系数1.1，就可以作为空调负荷参数，据此选择空调设备。

二、空气、照明、噪声和电磁干扰

1）设备间内应保持空气洁净，有良好的防尘措施，并防止有害气体侵入。允许有害气体和尘埃含量的限值分别见表3-9和表3-10。表中规定的灰尘粒子应是不导电的、非铁磁性和非腐蚀性的。

表3-9 有害气体含量限值

有害气体/（mg/m^3）	二氧化硫（SO_2）	硫化氢（H_2S）	二氧化氮（NO_2）	氨气（NH_3）	氯气（Cl_2）
平均限值	0.2	0.006	0.04	0.05	0.01
最大限值	1.5	0.03	0.15	0.15	0.3

表3-10 尘埃含量限值

灰尘颗粒的最大直径/μm	0.5	1.0	3.0	5.0
灰尘颗粒的最大浓度/（粒子数/m^3）	1.40×104	7.00×105	2.40×105	1.3×105

2）照明：设备间内距地面0.8m处照度不应低于200lx。

3）噪声：设备间的噪声应小于70dB。

4）电磁场干扰。设备间内电磁场频率应在0.15～1000MHz的范围内，噪声不大于120dB，电磁场干扰场强不大于800A/m。

三、设备间供电电源

1）供电电源频率：50Hz。

2）供电电压：AC380V/220V。

3）相数：三相五线制、三相四线制或单相三线制。依据设备的性能，供电电源参数的变动范围见表3-11。

表3-11　供电电源参数变动范围

项　目	A级	B级	C级
电压变动（%）	−5～5	−10～7	−15～10
频率变化/Hz	−0.2～0.2	−0.5～0.5	−1～1
波形失真率（%）	≤5	≤5	≤10

4）设备间内供电容量：将设备间内存放的每台设备用电量的标称值相加后，再乘以系数就是该设备间的总用电量。

用电设备采用不间断电源UPS，以防止停电造成网络通信中断。UPS应提供不少于2h的后备供电能力。不间断电源功率的大小应根据网络设备功率进行计算，并具有20%～30%的余量。各设备应选用铜芯电缆，且严禁铜、铝混用。

5）设备间的防雷接地和设备接地可单独接地或与大楼接地系统共同接地。接地时要求每个配线架都应单独引线至接地体，单独设置接地体时，阻抗不应大于4Ω；采用和大楼接地系统共同的接地体时，接地电阻不应大于1Ω。

设备间电源应具有过压过流保护功能，以防止对设备的不良影响和冲击。

四、地面、墙面和顶棚

1）设备间地面最好采用抗静电活动地板，其系统电阻应在1～10Ω间。带有走线口的活动地板称为异形地板，其走线应光滑，防止损伤电线、电缆。设备间地面所需异形地板的块数，可根据设备间所需引线的数量来确定。设备间地面禁止铺地毯。

2）设备间的墙面应美观、环保、防尘、防水、放火、防腐蚀；内功能区的分隔处墙面应采光性能好、简洁明快、科学合理，不要过于烦琐。

3）设备间的顶棚：为了吸收噪声及布置照明灯具，一般在建筑物梁下加一层吊顶，吊顶材料应满足防火要求。

4）根据设备间放置的设备及工作需要，可用玻璃将设备间隔成若干个房间。隔断时可以选用防火的铝合金或轻钢做龙骨，安装10mm厚玻璃，或从地板面至1.2m高处安装阻燃双塑板，1.2m以上安装10mm厚玻璃。

五、安全

设备间的安全可分为A级、B级、C级三个基本类别。

A级对设备间的安全有严格的要求，有完善的设备间安全措施。

B级对设备间的安全有较严格的要求，有较完善的设备间安全措施。

C级对设备间有基本的要求，有基本的设备间安全措施。

设备间的安全要求详见表3-12。

表3-12 设备间的安全要求

项　目	C级	B级	A级
场地选择	N	A	A
防火	A	A	A
防水	N	A	Y
内部装修	N	A	Y
供配电系统	A	A	Y
空调系统	A	A	Y
火灾报警及消防设施	A	A	Y
防静电	N	A	Y
防雷电	N	A	Y
防鼠害	N	A	Y
电磁波防护	N	A	A

注：N——无要求；A——有要求或增加要求；Y——要求。

根据设备间的要求，设备间安全可按某一类执行，也可按某些类综合执行。

A、B级设备间应设置火灾报警装置。活动地板上方和吊顶板下方、主要的空调管道中及易燃物附近都应设置烟感和温感探测器。

1）A级设备间内设置自动灭火系统，并备有手提式自动灭火系统。其建筑物的耐火等级必须符合《建筑设计防火规范》GB 50016—2014中规定的一级耐火等级。

2）B级设备间在情况允许的条件下，应设置自动消防系统，并备有灭火器。其建筑物的耐火等级必须符合《建筑设计防火规范》GB 50016—2014中规定的二级耐火等级。

与A、B级安全设备间相关的其余工作房间及辅助房间，其建筑物的耐火等级不应低于《建筑设计防火规范》GB 50016—2014中规定的二级耐火等级。

3）C级设备间应配置灭火器。其建筑物的耐火等级应符合《建筑设计防火规范》GB 50016—2014中规定的二级耐火等级。

与C级设备间相关的其余基本工作房间及辅助房间，其建筑物的耐火等级不应低于《建筑设计防火规范》GB 50016—2014中规定的三级耐火等级。

A、B、C级设备间，禁止使用水、干粉或泡沫等易产生二次破坏的灭火剂。

4）内部装修。根据A、B、C三级要求，设备间进行装修时，装饰材料应使用符合GB 50016—2014《建筑设计防火规范》中规定的阻燃材料或非燃材料，应能防潮、吸收噪声、不起尘、抗静电等。

练习　机柜与设备选型

进程一：训练知识准备

机柜按安装方式分为立式、壁挂式、开放式等，无论哪种安装方式，其规格一般标准为19in（1in=2.54cm），便于统一兼容安装U为单位的设备，1U=44.45mm。

1. 立式机柜——直接直立安装于地面上的大型机柜

1）19in标准机柜，内部安装设备的空间高度一般为1850mm（42U）。

2）机柜采用优质冷轧钢板制作，采用独特表面静电喷塑工艺，具有耐酸碱、耐腐蚀性，保证可靠接地、防雷击。附件有专用固定托盘、专用滑动托盘、地脚钉、地脚轮、理线架、理线环、支架、扩展横梁和电源支架等。

3）走线简洁，前后及左右面板均可快速拆卸，方便各种设备走线。

4）上部安装2个散热风扇，下部安装4个转动轱辘和4个固定地脚螺栓。

5）适用于IBM、HP、Dell等各种品牌导轨式安装的机架式服务器，也可以安装普通服务器和交换机等标准U设备。

2. 开放式机柜/架——直接直立安装于地面上的大型机柜/机架

结构和使用功能与19in标准立式机柜相同，只是周围没有封闭的机架或机柜。

3. 壁挂式机柜——挂在墙上节省占地空间的小型机柜

壁挂式机柜主要用于摆放轻巧的网络设备，外观轻巧美观，全柜采用全焊接式设计，牢固可靠。机柜背面有4个挂墙的安装孔。

进程二：现场调研教学1号楼设备间（BD）与楼层电信间（FD）机柜型号规格，机柜内材料与设备数量以及布置方式。

1）楼层设备间面积、位置的选择；

2）楼层电信间设备数量、位置的选择；

3）BD和FD机柜选型参考3-13表填写。

表3-13　BD与FD机柜选型

BD面积/m²	BD位置机柜选型	FD面积/m²	FD位置	设备名称	设备规格	设备型号	单位	单价	数量	备注
10	四层中间公共用房			立式机柜						
				配线架						
				理线架						
				交换机						
				壁挂式机柜						

4）说明各机柜设备信息点容量。

学习任务5　进线间布线技术

每个建筑物宜设置一个进线间，且一般位于地下层，外线宜从两个不同的路由引入进线间，有利于与外部管道沟通。进线间与建筑物红外线范围内的人孔或手孔采用管道或通道的方式互连。进线间因涉及因素较多，难以确定所需具体面积，可根据建筑物实际情况并参照通信行业标准和国家的现行标准要求进行设计。

进线间应设置管道入口。进线间应满足线缆的敷设路由、成端位置及数量、光缆的盘长空间、线缆的弯曲半径、充气维护设备、配线设备安装所需要的空间和面积。进线间的大小应按进线间的进局管道最终容量及入口设施最终容量进行设计，同时，应满足多家电信业务经营者安装入口设施等设备的面积。

进线间宜靠近外墙并在地下设置，以便线缆引入。进线间设计应符合下列规定：

1）进线间应防止渗水，宜设有抽排水装置。

2）进线间应与布线系统垂直竖井连通。

3）进线间应采用相应防火级别的防火门，门向外开，宽度不小于1000mm。

4）进线间应设置防有害气体措施和通风装置，排风量按每小时不小于5次容积计算。

进线间入口管道口所有布放线缆和空闲的管孔应采取防火材料封堵，做好防水处理。进线间如安装配线设备和信息通信设施时，应符合设备安装设计的要求。

建筑群主干电缆和光缆、公用网和专用网电缆、光缆及天线馈线等室外线缆进入建筑物时，应在进线间成端转换成室内电缆、光缆，并在线缆的终端处可由多家电信业务经营者设置入口设施，入口设施中的配线设备应按引入的电、光缆容量配置。

电信业务经营者在进线间设置安装的入口配线设备应与BD或CD之间敷设相应的连接电缆、光缆，实现路由互通。

在进线间线缆入口处的管孔数量应满足建筑物之间、外部接入业务及多家电信运营商线缆接入的需求，并应留有2～4孔的余量。

学习任务6　建筑群布线技术

学习目的

了解建筑群子系统设计的技术要求；掌握建筑群子系统的设计步骤和设计方案。

一个企业团体或政府机关可能分散在几幢相邻建筑物或不相邻的建筑物内办公，彼此之间的语音、数据、图像和监控等系统由建筑群子系统来连接传输。系统设计的好坏、工程质量的高低、技术性能的优劣都直接影响到综合布线系统的服务质量，设计时必须高度重视。

链接1　建筑群子系统设计技术要求

从全程全网来看，建筑群子系统也是公用通信网的组成部分，使用性质和技术要求、技术性能应基本一致。设计时要确保全程全网的通信质量，不以局部的需要为基点，不能降低全程全网的信息传输质量，必须按照本地区通信线路的有关规定设计。

建筑群子系统的线缆敷设在校园式小区或智能化小区内成为公用管线设施时，其设计应纳入该小区的规划，具体分布应符合智能化小区的远期发展要求（包括总平面布置），且与近期需要和现状相结合，不与城市建设和有关部门的规定发生矛盾，使传输线路建设后能长期、安全可靠地运行。

在已建或正在建设的智能化小区内，如已有地下电缆管道或架空通信杆路，应尽量设法利用。与该设施的主管单位（包括公用通信网或用户自备设施的单位）进行协商，采取合用或租用等方式。这样可避免重复建设，节省工程投资，减少小区内管线设施，有利于环境美观和小区布置。

GB 50311—2016《综合布线系统工程设计规范》国家标准第8.0.10条为强制性条文，必须严格执行。第8.0.10条具体内容为“当电缆从建筑物外面进入建筑物时，应选用适配的信号线浪涌保护器，信号线路浪涌保护器应符合设计要求。”配置浪涌保护器主要目的是防止雷电（或其他强电磁变化）通过室外线路进入建筑物内部设备间，击穿或者损坏网络系统设备。

通常情况下，为了能够节约工程造价，也允许个别配线间FD配线架直接到建筑群CD配线架，而不经过建筑物BD配线架。

一、建筑群子系统设计要点

建筑群子系统设计应注意所在地区的整体布局。目前，由于智能建筑群的推广，一般对环境美化要求较高，对于各种管线设施都有严格规定，要根据小区建设规划和传输线路分布，尽量采用地下和隐蔽化方式。

建筑群子系统设计应根据建筑群用户信息需求的数量、时间和具体地点，采取相应的技术措施和实施方案。在确定线缆的规格、容量、敷设的路由以及建筑方式时，务必考虑通信传输线路建成的稳定性，并能满足今后一定时期信息业务的发展需要。

1）选择线缆路由时应尽量满足距离短、平直的要求，并在用户信息需求点密集的楼群经过，以便供线和节省工程投资。

2）线缆路由应在较永久性的道路上敷设，并应符合有关标准规定，满足与其他管线和建筑物之间的最小净距要求。除因地形或敷设条件的限制必须与其他管线合沟或合杆外，与电力线路必须分开敷设，并保持一定的间距，以保证通信线路安全。

3）建筑群子系统的主干线缆分支到各幢建筑物的引入段落，其建筑方式应尽量采用地下敷设。如不得已而采用架空方式（包括墙壁电缆引入方式），应采取隐蔽引入，其引入位置选择在房屋建筑的后面。

二、建筑群子系统的设计步骤

1. 确定敷设现场的环境、结构特点

1）确定整个工程范围的面积大小。

2）确定工地的地界。

3）确定共有多少座建筑物。

4）确定是否需要和其他部门协调。

2. 确定线缆系统的一般参数

1）确定起点位置。

2）确定端接点位置。

3）确认涉及的建筑物和每座建筑物的层数。

4）确定每个端接点所需电缆类别以及规格。

5）确定所有电缆端接点数。

3. 确定建筑物的线缆入口

1）对于现有建筑物，要确定各个入口管道的位置，每座建筑物有多少入口管道可供使用，入口管道数目是否满足系统的需要。

2）入口管道不够用，确定移走或重新布置某些线缆，是否能腾出某些入口管道，在不够用的情况下应再安装多少入口管道。

3）如果建筑物尚未建起来，则要根据选定的线缆路由，完善线缆系统设计，并标出入口管道的位置，选定入口管道的规格、长度和材料，在建筑物施工过程中安装好入口管道。建筑物入口管道的位置应便于连接公用设备，根据需要在墙上穿过一根或多根管道。依据建筑法规，了解对承重墙穿孔有无特殊要求。所有易燃材料（如聚丙烯管道、聚乙烯管道）应端接在建筑物的外面。外线线缆的聚丙烯护皮可以例外，只要它在建筑物内部的长度（包括多余线缆的卷曲部分）不超过15m。如果超过15m，则应使用合适的线缆入口器材，在入口管道中填入防性水和气密性好的密封胶。

4. 确定明显障碍物的位置

1）确定土壤类型，例如，砂质土、黏土和砾土等。

2）确定线缆的布线方法。

3）确定地下公用设施的位置。

4）查清拟订的线缆路由沿线各个障碍物的位置或地理条件，包括铺路区、桥梁、铁路、树林、池塘、河流、山丘、砾石土、截留井、人孔（人字形孔道）及其他。

5）确定管道的要求。

5. 确定主线缆路由和备用线缆路由

1）对于每一种特定的路由，确定可能的线缆结构方案。

①所有建筑物共用一根线缆。

②对所有建筑物进行分组，每组单独分配一根线缆。

③每座建筑物单独用一根线缆。

2）查清在线缆路由中，哪些地方需要获准后才能施工通过。

3）比较每个路由的优缺点，从而选定几个可能的路由方案供选择。

6. 选择所需线缆类型和规格

1）确定线缆长度。

2）画出最终的结构图。

3）画出所选定路由的位置和挖沟详图，包括公用道路图或任何需要经审批才能动用的地区的草图。

4）确定入口管道的规格。

5）选择每种设计方案所需的专用线缆。

6）参考所选定的布线产品的部件指南。

7）若需用管道时，应确定其规格、长度和材料。

7. 确定每种方案所需的劳务成本

1）确定布线时间。

①迁移或改变道路、草坪、树木等所花的时间。

②如果使用管道，应包括敷设管道和穿线缆的时间。

③确定线缆结合时间。

④确定其他时间，例如运输时间、协调时间、待工时间等。

2）计算总时间。

3）计算每种设计方案的成本。

4）劳务成本=总时间×当地的工时费。

8. 确定每种方案所需的材料成本

1）确定线缆成本。

①参考有关布线材料价格表。

②针对每根线缆查清每100m的成本。

2）确定所用支持部件的成本。

①查清并列出所有的支持部件。

②根据价格表查明每项用品的单价。

③所用支承部件成本=单价×所需的数量。

3）确定所有支承硬件的成本。对于所有的支承硬件，重复2）项所列的3个步骤。

9. 选择最经济最实用的设计方案

1）把每种选择方案的劳务费成本加在一起，得到每种方案的总成本。

2）比较各种方案的总成本，选择成本较低者。

3）分析确定这种比较经济的方案是否有重大缺陷，以致抵消了经济上的优点。如果发生这种情况，应取消此方案，考虑其他经济性较好的设计方案。

注意：如果涉及干线线缆，应把有关的成本和设计规范也列进来。

三、建筑群子系统的线缆选择

建筑群数据网的主干线缆一般应选用多模或单模室外光缆，芯数不少于12芯，并且宜用松套型、中央束管式。建筑群数据网的主干线缆作为使用光缆与电信公用网连接时，应采用单模光缆，芯数应根据综合通信业务的需要而定。

建筑群数据网主干线缆如果选用双绞线时，一般应选择高质量的大对数双绞线。当从CD至BD使用双绞线电缆时，总长度不应超过1500m。对于建筑群语音网的主干线缆，一般可选用3类大对数电缆。CD内外配线容量与连接BD配线线缆容量均应一致。

链接2　建筑群子系统路由设计

建筑群子系统的通信线路敷设方式有架空和地下两种类型。架空方式又分为立杆架设和墙壁挂放两种；根据架空线缆与吊线的固定方式又可分为自承式和非自承式两种。地下方式分为地下线缆管道、线缆沟和直埋方式等。建筑群子系统的通信线路的路由方式及其特点见表3-14。

表3-14　建筑群通信线缆路由方式及特点

类　型	名　称	优　点	缺　点	备　注
地下类型	管道电缆	● 电缆敷设方便，易于扩建或更换 ● 线路隐蔽、环境美观、整齐有序 ● 电缆有环境保护措施，比较安全，可延长电缆使用年限 ● 产生障碍和干扰的机会少，不易影响通信，有利于使用和维护 ●维护工作量小，费用少	● 建筑管道和人孔等施工难度大，工程环节较多，技术要求复杂 ● 土方量多，初次工程投资较高 ● 要有较好的建筑条件（如有定型的道路和管线） ● 与各种地下管线设施产生的矛盾较多，协调工作较复杂	管道电缆不宜采用钢带铠装结构，一般采用塑料护套电缆
	直埋电缆	● 线路隐蔽、环境美观 ● 初次工程投资较管道电缆低，无需建人孔和管道，施工较简单 ● 产生障碍和干扰的机会少，有利于使用和维护 ● 不受建筑条件限制，维护工作费用较少 ● 与其他地下管线发生矛盾时，易于躲让和处理	● 维护，更换和扩建都不方便，发生障碍后必须挖掘，修复时间长，影响通信 ● 当电缆与其他地下管线过于邻近时，双方在维修时会增加机械损伤机会 ● 对挖掘正式道路或设施须做补偿	直埋电缆应按不同环境条件，采用不同形式铠装电缆，一般不用塑料护套电缆
	沟道隧道敷设	● 线路隐蔽、安全稳定，不受外界影响 ● 施工简单，工作条件较直埋电缆好 ● 电缆增添敷设方便，易于扩建或更换 ● 可与其他弱电线路公用隧道设施，可节约工程初次投资	● 与其他弱电线路共建时，在施工与维护中要求配合和相互制约，有时较难协调 ● 如为专用电缆沟道等设施，初次工程投资较多	电缆沟道有明暗两种，其优、缺点也有所不同，应视路由条件来定
架空类型	立杆架设	● 查找和修复障碍均较方便 ● 施工技术较简单，建设速度较快 ● 能适应今后的变动，易于拆除、迁移、更换或调整，便于扩建增容 ● 初次工程投资较低	● 产生障碍的机会较多，对通信安全有所影响 ● 易受外界因素腐蚀和机械损伤，影响电缆使用寿命 ● 对周围环境的美观有影响	架空电缆宜采用塑料电缆，不宜采用钢带铠装电缆
	墙壁挂放	● 初次工程投资较低 ● 施工和维护方便 ● 较架空电缆美观	● 产生障碍的机会较多，对通信安全有所影响，安全性不如地下方式 ● 对房屋建筑立面美观有些影响 ● 今后扩建、拆换时不太方便	与立杆架设架空电缆相同

学习任务7　管理子系统设计

学习目的

掌握管理子系统设计的技术要求，设计步骤，会设计管理方案。

对建筑物配线设备（BD）、楼层电信间配线设备（FD）、进线间以及工作区的网络设备、配线设备、信息点以及各类线缆设施，按一定的模式和规定进行必要的标识和记录，所做的标识实施方案，即管理子系统。其内容包括：用颜色标记区分不同区域主干线缆和配线线缆或设备端点，用标签文字记录、表明端接区域、物理位置、编号、容量、规格，同时突显设备与线缆连接方式和管理方式。有了管理子系统，综合布线系统运行情况就能现场即时识别，通信网络就能实时管理和维护。

通信设备、线缆之间通常采用互连或交连方式接续。所谓交连/互连，就是允许将通信线路定位或重新定位到建筑物的不同部位，以便更容易地管理通信线路。因此，楼层电信间FD和设备间BD都是实现建筑物内通信网络管理功能的场所。

管理子系统的设计主要考虑3个方面：

1）接插配线如何实现管理功能。

2）设备连接方式与应用。

3）标识方案设计与实施。

链接1　管理子系统设计技术要求

管理子系统概念内所做的所有标记与记录，统称为标识。一个综合布线系统一般要做好3种标签标记，即电缆标识、场标识和插入标识，如图3-25所示。

机房重地
闲人免进

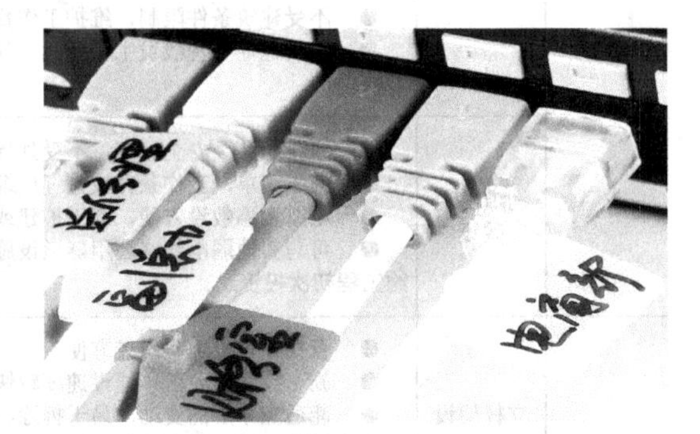

图3-25　各种标识

一、标识

电缆标识，实质是粘贴型标签标记，指背面有不干胶的白色胶片，在其上面做好标记后直接粘贴到各种电缆表面上。

插入标识，实质是插入型标签标记，指用硬纸片插在12.7mm×203.2mm的透明塑料夹里，这些塑料夹位于110型接线块上的两个水平齿条之间。

场标识，实质是色标签标记，由背面为不干胶的粘贴型颜色材料制成，贴在设备间、配线间、二级交接间和建筑物布线场的平整表面上。每个标识都用色标来指明电缆的源发地，这些电缆端接于设备间BD和电信间FD的管理场。

在管理点，插入色条标记下列类型的线路来突显场标识，所用的底色及其含义如下：

（1）在设备间

1）蓝色：从设备间到工作区的信息插座（T/O）实现连接。

2）白色：干线电缆和建筑群电缆。

3）灰色：端接与连接干线到计算机房或其他设备间的电缆。

4）绿色：来自电信局的输入中继线。

5）紫色：公用系统设备连线。

6）黄色：交换机和其他设备的各种引出线。

7）橙色：多路复用输入电缆。

8）红色：关键电话系统。

9）棕色：建筑群干线电缆。

（2）在主接线间

1）白色：来自设备间的干线电缆的点对点端接。

2）蓝色：到配线接线I/O服务的工作区线路。

3）灰色：到远程通信（卫星）接线间各区的连接电缆。

4）橙色：主接线间各区的连接电缆。

5）紫色：自动系统公用设备的线路。

（3）在远程通信（卫星）接线间

1）白色：来自设备间的干线电缆的点对点端接。

2）蓝色：到干线接线间I/O服务的工作区线路。

3）灰色：来自干线接线间的连接电缆。

每个交连区实现线路管理，是在各色标场之间接上跨接线或插入线，这种色标用来标明该场是干线电缆、配线电缆或设备端接点等。技术人员或用户可以按照各条线路的识别颜色插入色条，以标记相应的场。这些场通常分配给指定的接线块，而接线块则按垂直或水平结构进行排列。当有关场的端接数量很少时，可以在一个接线块上完成所有行的端接。

标签标识系统包括三个方面：标识分类及定义、标签和建立文档。标签标识系统应具有与其标识的设施相同或更长的使用寿命，无论是配线架标识、面板标识、设备平面表面标识，所有标签制作均须正规打印，不允许手工填写。

二、交接管理

所谓交接，就是指线路交连处的跳线连接控制。通过跳线连接可安排或者重新安排线路的路由，管理整个用户终端，从而突显综合布线系统的灵活性。本书在此重点介绍单点管理和双点管理。

单点管理（TIA 606标准定义中称为一级管理），指单一电信间FD的电信基础设施设备的管理，即在通信网络系统中只有一个“点”可以进行线路跳线连接，其他连接点采用直接连接（互连）。

双点管理（TIA 606标准定义中称为二级管理），即在网络系统中只有两个“点”可以进行线路跳线连接，其他连接点采用直接连接。这是管理子系统普遍采用的方法，适用于大中型系统工程。例如，BD和FD采用跳线连接。用于构造交接场的硬件所处的地点、结构和类型，决定综合布线系统的管理方式。交接场的结构取决于工作区、综合布线规模和选用的硬件。在不同类型的建筑物中，管理子系统常采用单点管理单交连、单点管理双交连、双点管理双交连、双点管理三交连和双点管理四交连等方式。

1）单点管理单交连，指位于设备间里面的交换设备或互连设备附近，通常线路不进行跳线管理，直接连至用户工作区。这种方式使用的场合较少，其结构如图3-26所示。

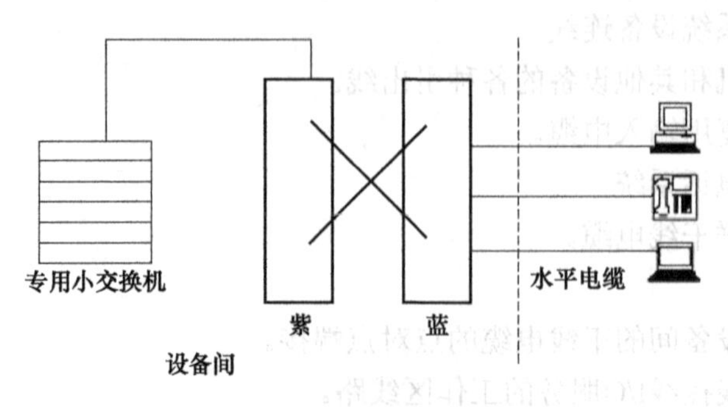

图3-26　单点管理单交连

2）单点管理双交连，指位于设备间BD里面的交换设备或互连设备附近，通过硬件线路实现连接，不进行跳线管理，直接连至FD里面的第二个接线交接区。如果没有FD，第二个交连可放在用户的墙壁上，如图3-27所示。

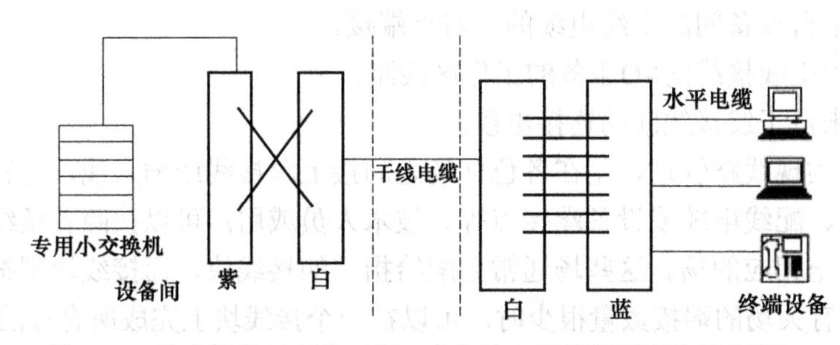

图3-27　单点管理双交连（第二个交连在配线间用硬接线实现）

3）双点管理双交连，对于低矮而又宽阔的建筑物（如机场、大型商场），其管理规模较大，管理结构较复杂，这时多采用二级交接间，设置双点管理双交连。双点管理除了在设备间里有一个管理点之外，在配线间仍有一级交接（跳线）管理。

在二级交接间或用户房间的墙壁上，还有第二个可管理的交连。双交接要经过二级交连设备。第二个交连可能是一个连接块，它对一个接线块或多个终端块（其配线场与专用小交换机干线电缆和配线电缆站场各自独立）的配线和站场进行组合，如图3-28所示。

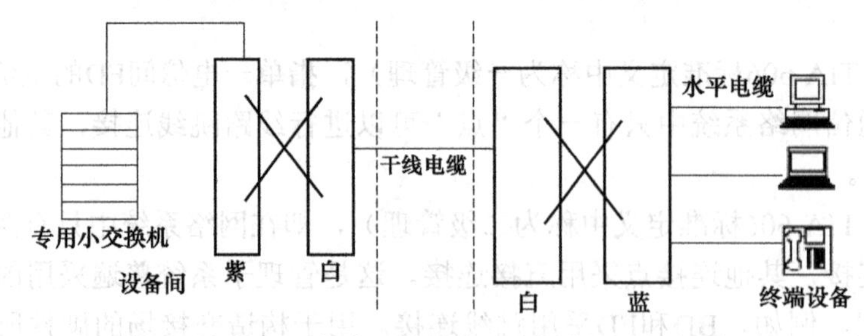

图3-28　双点管理双交连（第二个交连用作配线间的管理点）

4）双点管理三交连，若建筑物的规模比较大，而且结构复杂，还可以采用双点管理三交连，如图3-29所示。

有时甚至采用双点管理四交连方式。综合布线中使用的电缆，一般不能超过四次交连。在使用光纤连接时，要用到光纤接续箱（LIU）。箱内可以有多个ST连接安装孔，箱体及箱内的线路弯曲设计应符合62.5μm/125μm多模光纤的弯曲要求。

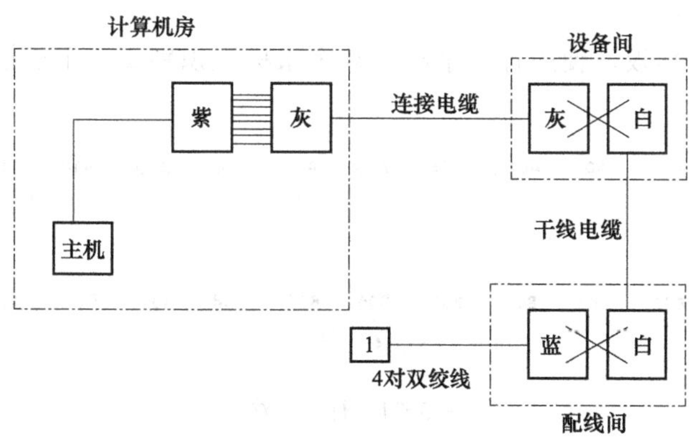

图3-29　双点管理三交连

链接2　管理子系统标识方案内容

无论单点管理还是双点管理，能否发挥管理子系统的重要作用，关键在于标识方案设计，标识设计与综合布线工程规模、特点有必然关系，标识方案主要突显以下内容。

一、设备间（BD）标识

1．机柜/机架标识

（1）地板网格坐标标识

数据中心设在架空地板房间，以数据中心设备机房地面地板为平面，建立一个平面XY坐标系地板网格图，字母为X轴坐标，数字表达Y轴坐标，用于准确表示机柜/机架位置。

每一个机架和机柜有一个唯一的基于地板网格坐标编号标识符。多楼层数据中心、楼层标识数则作为前缀增加到机架和机柜的编号中，例如，数据中心第二层的AE03地板网格机柜应标示为2AE03，坐标标注如图3-30所示。

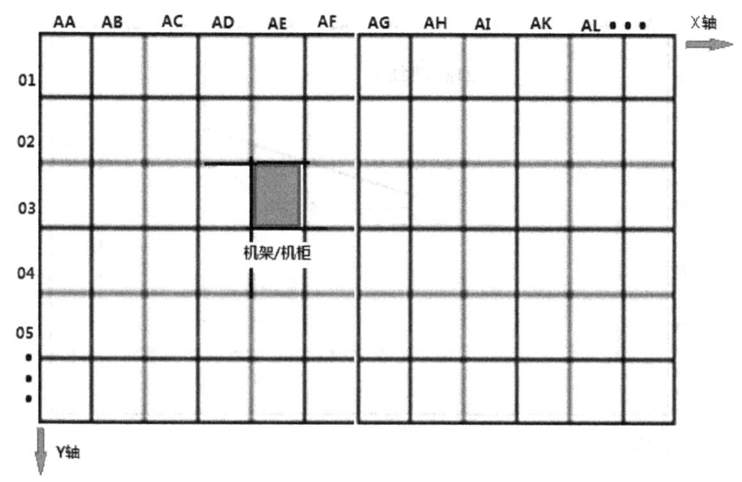

图3-30　地板网格坐标标注

一般情况下，机架和机柜标识符用nnXXYY格式确定，其中，nn为楼层号，XX为地板网格列号，YY为地板网格行号。

（2）行列标注标识

数据中心房间无地板，使用行数字和列数字来标注识别每一个机柜和机架，如图3-31所示。

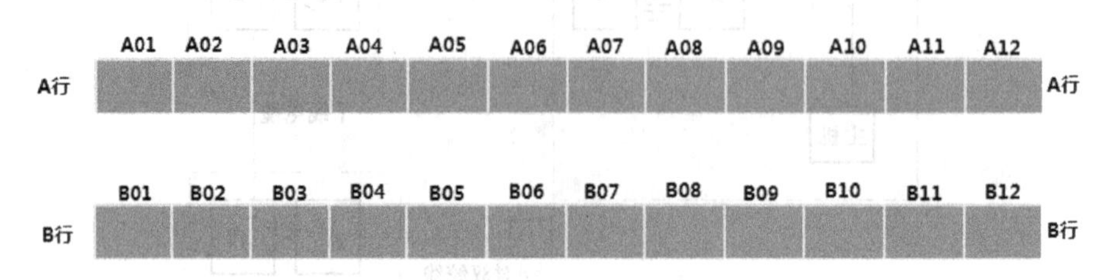

图3-31　行列标注

2. 配线架标识

配线架标识，包括配线架所处机柜/机架编号和其在机柜/机架中的位置以及端口号。

1）配线架位置用字母自上而下表示。

2）配线架端口用两个或三个特征标识符作为端口号。

例如：在机柜3AE05中的第二个配线架1的第四个端口可命名为3AE05—B04。

一般配线架端口标识符格式为：nnXXYY A mmm。

nn指楼层号，XX指地板网格列号（或列号），YY指地板网格行号（或行号），A指配线架号（A-Z则指从上而下意思），mmm指线对或芯纤或端口。

3）配线架连通性标识。配线架连通性标识格式：P1toP2

P1指近端机架或机柜、配线架次序和端口数字。P2指远端机架或机柜、配线架次序和端口数字。

例如，连接24根从主配线区到楼层配线区1的6类线缆的24口配线架应包含标签：MDA to HDA1 Cat6 UTP1—24。

24根6类线缆用于连接机柜AE03与AK02，如图3-32所示为其对应配线架标签。

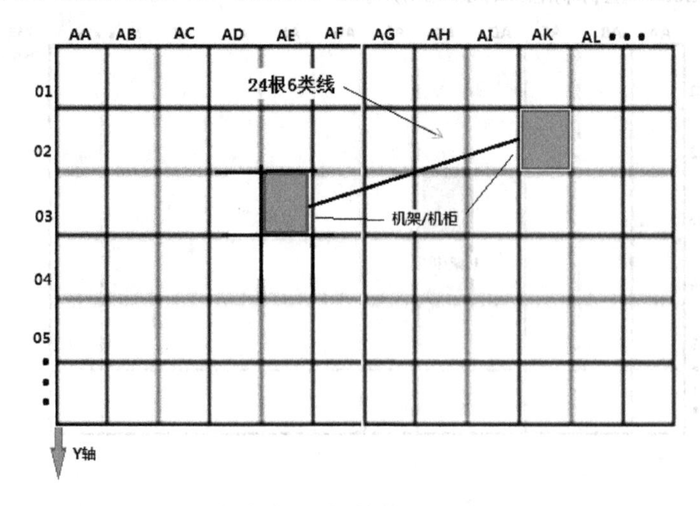

图3-32　配线架标签

3．线缆和跳线标识

线缆两端必须贴上标注所连设备的近端和远端地址的标签。

（1）线缆标识格式，P1n/P2n

P1n指近端机架或机柜、配线架次序和指定的端口，P2n指远端机架或机柜、配线架次序和指定的端口。

（2）跳线标识

例如，如图3-33所示，连接到配线架第一个位置的线缆包含标签：AE03 A01/AK02 B01；且在机柜AK02内相同线缆将包含标签：AK02 B01/AE03 A01。

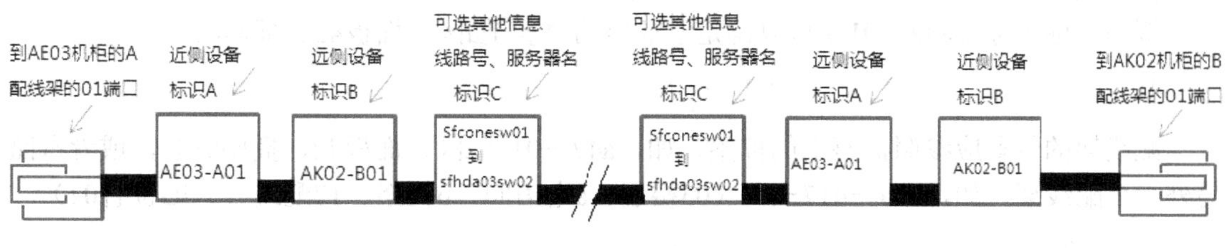

图3-33　跳线标识

二、电信间（FD）标识

完整的电信间标识提供：建筑物名称、位置、区号、起始点和功能等信息，给出楼层信息点序列号与最终房间信息点号的对照表，如图3-34所示。楼层信息点序列号是指在未确定房间号之前，为在设计中标定信息点的位置，以楼层为单位给各个信息点分配地惟一序号。对于开放式办公环境，所有预留的信息点都应参加编写。

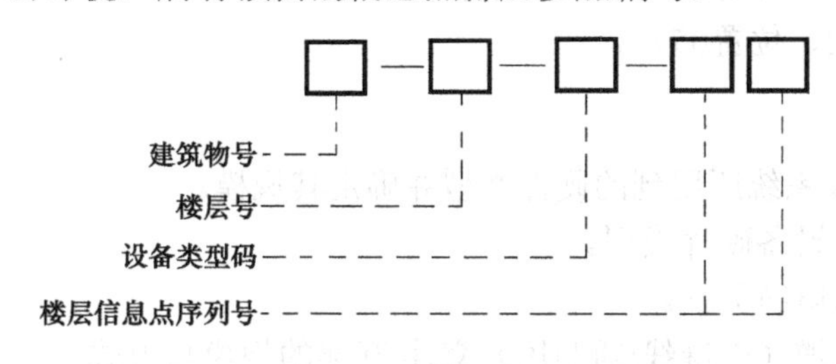

图3-34　电信间标识

1．信息点编号规则

每个编号唯一标识一个信息点，与一个RJ面板插孔对应，也与一条配线电缆相对应。其中层号从1到12。设备类型码有两种，C表示计算机，P表示电话。同层信息点统一按顺序编号。此编号常用于下列几个地方：

1）布线系统平面图和其他一些文档中，都用上述的编号来标识信息点。

2）每个信息盒面板的插孔下方贴以写有上述信息点编号的标签。

3）在配线架的标签条上用上述编号标明相应位置对应的信息点，并登记注册。

4）穿线工程中，每根电缆的两端都按上述规则标记标识。

2．标识内容

每个电信间FD应当由三个不同的字符段来区别，例如标识03b—c06—04，是指03楼层b电信间c机架06配线架04端口位置。03b（楼层03，电信间b）。

1）电信间内的每个机柜/架由一个独特的代码表示，如，c（机架c）。

2）机柜/架上的配线架应由两位数字表示，如，06（配线架06）。

3）配线架的每个RJ口位置由两位数字表示，如，04（位置04）。

例如：标识标签03b—c06—04，意思为03楼层b电信间c机架06配线架04端口位置。

3. 信息点端口

信息点口应由专门的区域和识别号码来确认，如，a42（a区，面板42）。区域是指建筑物的一块具体区域，应当在楼层的平面图上就可以找到。

信息点口内的每个插座的位置可用两位数字表示，如，01（插座01）。

例如：标识标签a42—01就可以确定该插座的位置是a区、面板42、插座01。

4. 配线架位置

配线架的位置应参照插座上的标签，如，a42—01（a区、面板42、插座01），或者参照另外一个配线架，如，03a—b17—02（03楼层、a电信间、b机架、17配线架、RJ位置02）。

5. 线缆

线缆上有起点和终点代码的标签，如：03b—c05—05：a42—01（起点/终点），表示线缆的接插板端（起点）端接在03楼层、b电信间、c机架、05排、位置05上，而另外一端（终点）则端接在a区、面板42，插座01上。

6. 插座位置

插座的位置应当参照电信间的位置来粘贴标签，如，03b—c05—05（03楼层、b电信间、c机架、05配线架、位置05）。

三、管理子系统设计步骤

1）选择综合布线系统所用到的硬件类型并确定其规模。

① 确定所使用的设备硬件类型。

② 确定组成线路电缆类别。

③ 确定硬件与线缆（中继线/辅助场）交连/互连的规模与方式。

④ 确定设备间或电信间交连/互连硬件的位置。

2）确定语音和数据线路要端接的电缆对总数，并分配好语音或数据数线路所需的墙场或终端条带。

3）确定设备间BD和楼层FD电信间与工作区信息点连接方式，标记方式方法。

4）确定标识方案以及实施。

良好的标记包括建筑物名称、建筑物面积、区号、起始点和功能等。标识方案的制定原则通常最终由用户、系统管理人员提供。不管如何，所有的标识方案均应规定各种参数和识别步骤，以便查清交接场的各种线路和设备端接点。为了有效地进行线路管理，标识方案须作为技术文件存档，有利于计算机进行录入和软件管理。

四、管理子系统设计时应注意的问题

1）确定干线通道和实现管理的BD/FD数目，应从所服务的可用楼层空间方面来考虑。

2）管理仅限设备间时，其设备间BD面积不应小于10m^2。

端接的工作区超过200个时，则需在该建筑物增加1个或多个二级配线间BD，其设置要求应该符合表3-15中的规定，或根据设计需要确定。

表3-15 电信间FD的设置

工作区数量/个	BD数量/个，面积/m^2	二级BD数量/个，面积/m^2
≤200	1，≥1.2×1.5	0
201～400	1，≥1.2×2.1	1，≥1.2×1.5
401～600	1，≥1.2×2.7	1，≥1.2×1.5
>600	2，≥1.2×2.7	任何一个配线间最多可以支持两个二级配线间

3）管理采用110PB型配线架与配线线缆端接时，可采用双点管理为多系统应用提供最大灵活性。

练习 标识与标识管理

依据前面所学知识，请对1号教学楼二楼计算机网络A电信间FD2管理信息点数量、位置、机柜以及柜内设备的选型和安排，做出标识方案。

进程一 确定机柜规格型号

进程二 机柜内设备选型与布置

进程三 写出标识方案

参照表3-16，写出单点管理C面板02号端口所用的标识方案。

表3-16 A建筑物二层电信间标识设计方案

位置号	说明	标识设计	标识意义	备注
1	设备线缆	S02-D02-C02	连接到S建筑物2层—D功能区域02房间—C面板第2端口	
2	面板	D02-C02-D	D功能区域02房间-C面板第2端口-JS（计算机业务）	
3	水平配线电缆	S02-D02-C02/ 02A-E01-A02	工作区：S建筑物2层-D功能区域02房间接-C面板第2端口 电信间：2层A电信间-A列01机柜-E配线架第2端口	
4	配线架	02A-A01-E02	2层A电信间-A列01机柜-E配线架第2端口	
5	跳线	A01-E01/A01-F02	A列01机柜-E配线架第1端口/A列01机柜-F配线架第2端口	
6	配线架	02A-A01-F02	二层A电信间-A列01机柜-F配线架第02端口	
7	设备线缆	A01-F02-Q02	A列01机柜-F配线架第02端口-机柜Q交换机位置02设备端口	
8	设备线缆	A01-G02-Q11	A列01机柜-G配线架第02端口-机柜Q交换机位置11设备端口	
9	配线架	02A-A01-G02	二层A电信间-A列01机柜-G配线架第02端口	
10	跳线	A01-G02/ A01-H02	A列01机柜-G配线架第02端口/ A列01机柜-H配线架第02端口	
11	配线架	02A-A01-H02	二层A电信间-A列01机柜-H配线架第02端口	

学习任务8 综合布线系统管槽设计

学习目的

知道线缆管槽系统设计技术要求，会管槽设计方法步骤。

大家都知道，各种通信线缆布放在管槽之中，管槽走线决定通信线缆实际路由，所以，管槽以及其走线应与综合布线系统干线、配线路由设计高度一致。

链接1 管槽桥架及走线方式

一、管槽材料类别

综合布线系统所用的槽/管材料，分金属槽/管和附件、PVC塑料槽/管与附件两大类。

1. 金属槽和塑料槽

金属槽由槽底和槽盖两部分组成，每根槽的一般长度为2m，槽与槽连接时使用相应尺寸的铁板和螺钉固定。金属槽的外形如图3-35所示。

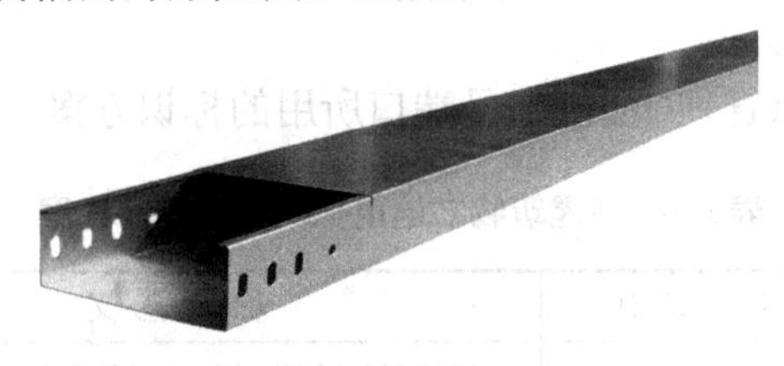

图3-35 金属槽的外形结构

在综合布线系统中，一般使用的金属槽规格有50mm×100mm、100mm×100mm、100mm×200mm、100mm×300mm、200mm×400mm等几种。

综合布线通常用PVC塑料槽，品种规格多，从型号上讲有PVC—20系列、PVC—25系列、PVC—25F系列、PVC—30系列、PVC—40系列和PVC—40Q系列等；从规格上讲有20mm×12mm、25mm×12.5mm、25mm×25mm、30mm×15mm和140mm×20mm等。与PVC线槽配套的附件有阳角、阴角、直转角、平三通、左三通、右三通、连接头、终端头和接线盒（暗盒、明盒）等，如图3-36所示。

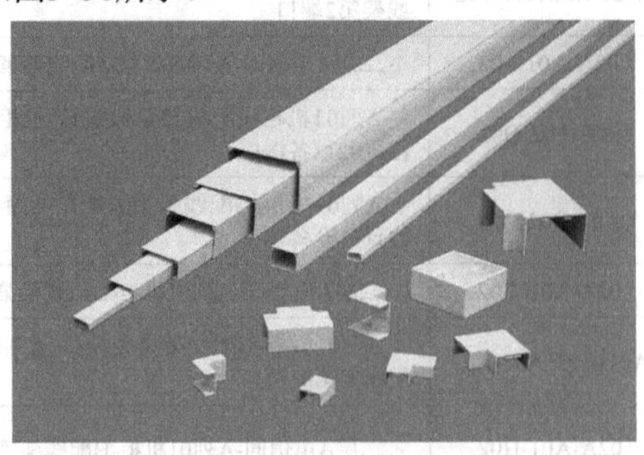

图3-36 PVC线槽及附件

2. 金属管和塑料管

1）金属管主要用于分支结构或暗埋的线路，它的规格有很多种。按外径分，工程施工中常用的金属管有D16、D20、D25、D32、D40、D50、D63、D110等规格。

2）PE阻燃导管和PVC阻燃导管。PE阻燃导管是一种塑制半硬导管，按外径分有D16、D20、D25、D32四种规格。外观白色，有强度高、耐腐蚀、挠性好、内壁光滑等优点，明、暗装穿线皆可用，如图3-37a所示。

PVC阻燃导管是以聚氯乙烯树脂为主要原料，经加工设备挤压成型的刚性导管。小管径PVC阻燃导管可在常温下进行弯曲。PVC阻燃导管按外径分有D16、D20、D25、D32、D40、D45、D63、D110等规格，如图3-37b所示。

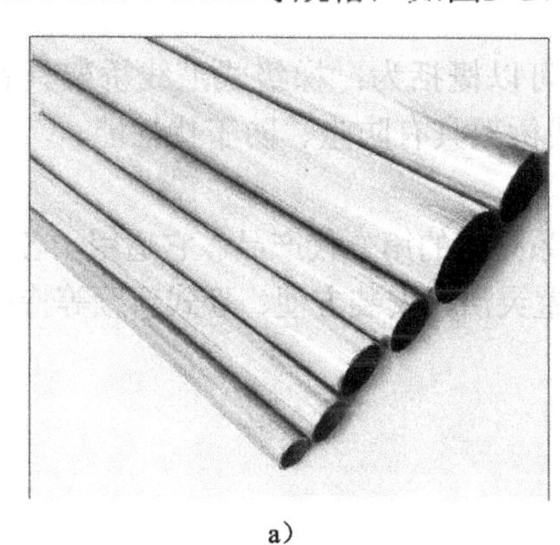

a）

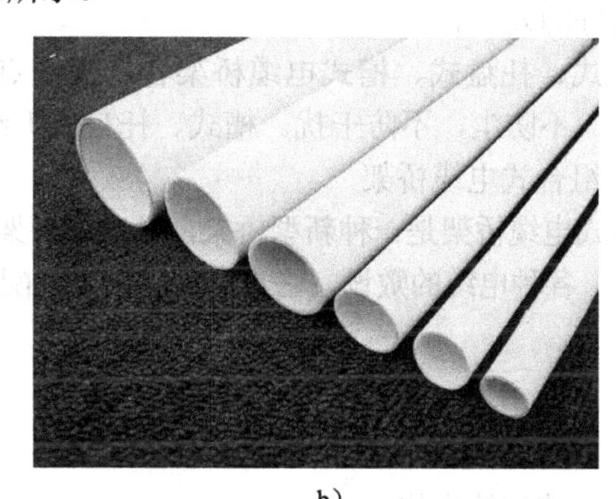

b）

图3-37　金属管与PVC管

与PVC管安装配套的附件有接头、螺圈、弯头、弯管弹簧、一通接线盒、二通接线盒、三通接线盒、四通接线盒、开口管卡、专用截管器和PVC粘合剂等。

3）管道弯曲半径要求见表3-17。

表3-17　管道的最小弯曲半径

管道直径/mm	截面积/mm^2	管道最小弯曲半径无铅铠装/mm
20	314	127
25	494	152
32	808	203
4	1264	254
50	1975	305
70	3871	380

3. 桥架

桥架是由托盘、梯架的直线段、弯通、附件以及支、吊架等构成，用以支承电缆、具有连续的刚性结构的系统总称，水平布线和垂直布线系统的安装通道。电缆桥架是使电线、电缆、管缆铺设达到标准化、系列化、通用化的电缆敷设装置。

常见桥架包括：

（1）梯级式电缆桥架

梯级式电缆桥架具有重量轻、成本低、造型别具、安装方便、散热和透气好等优点。它一般适用于直径较大电缆以及高、低压动力电缆的敷设。

（2）托盘式电缆桥架是石油、化工、轻工、电信等方面应用最广泛的一种。它具有重量轻、载荷大、造型美观、结构简单、安装方便等优点。它既适用于动力电缆的安装，也适合于控制电缆的敷设。

（3）槽式电缆桥架

槽式电缆桥架是一种全封闭型电缆桥架。它最适用于敷设计算机电缆、通信电缆、热电偶电缆及其他高灵敏系统的控制电缆等。它对控制电缆在屏蔽干扰和重腐蚀环境中的防护都有较好的效果。

梯级式、托盘式、槽式电缆桥架各自优缺点可以概括为：梯级式汇线桥架具有良好的通风性能，不防尘、不防干扰。槽式、托盘式汇线桥架具有防尘、防干扰性能。

（4）组合式电缆桥架

组合式电缆桥架是一种新型桥架，是电缆桥架系列中的第二代产品。它适用于各项工程、各种单位、各种电缆的敷设，它具有结构简单、配置灵活、安装方便、形式新颖等特点。

二、管槽走线

1. 新建筑物配线子系统管槽走线

（1）直接埋管走线

直接埋管走线是一种地板走线方式，由一系列密封在现浇混凝土中的金属布线管道（如厚壁镀锌管）或金属馈线走线槽（如薄型电线管）组成，这些金属布线管道或金属馈线走线槽从楼层配线间向信息插座处辐射。

现代楼宇不仅有较多的电话语音点和计算机数据点，而且语音点与数据点可能还要求互换，以增加综合布线系统使用的灵活性。对于目前使用较多的SC镀锌钢管及阻燃高强度PVC管，建议富余容量为70%。

（2）线槽支管走线

这是一种先走吊顶内线槽，再走支管到信息出口的走线方式。由弱电竖井出发的线缆，先进入吊顶中的线槽或桥架，到达各个房间后，再分出支管到房间内的吊顶，贴墙而下到信息插座处。

线槽通常悬挂在天花板上方的区域，用于大型建筑物或布线系统比较复杂而需要有额外支持物的场合。线槽由金属或阻燃高强度PVC材料制成，有单件扣合方式和盒式两种类型。在设计安装线槽时，应尽量将线槽置于走廊的吊顶内，支管应尽量集中，以便于维护。如果是新建筑，应赶在走廊吊顶施工前进行。这样不仅减少了布线工时，还有利于保护已穿线缆，不影响房内装修。

如果楼板适合穿孔，由弱电井出来的线缆也可先走吊顶内的线槽，经分支线槽从横梁式电缆管道分叉后，将电缆穿过一段支管引向墙柱或墙壁，贴墙而上。

（3）地面线槽走线

这是一种适合大开间及后打隔断的地板走线方式，由弱电竖井出发的线缆通过地面线槽到地面出线盒，在地面出线盒上安装多用户插座，再由多用户插座连接到办公桌信息插座。

2. 旧建筑物配线子系统管槽走线

（1）护壁板电缆管道走线

护壁板电缆管道是一种沿建筑物敷设的金属管道。电缆管道的前面板盖是活动的，插座可装在沿管道的任何地方，电缆由接地的金属隔板隔开，这种走线方式通常用于墙上装有很多插座的小楼层区域。

（2）墙上走线

对于已建好的没有预留走线缆通道的大楼，可考虑在墙上布线，通常是沿墙根走线，利用B形夹子将线缆固定住。

（3）地板导管走线

金属管道固定在地板上，盖板紧固在导管基座上，电缆在金属导管内，这种走线方式的优点是安装简单快速，适用于办公室环境。

3. 干线管槽走线

大型智能建筑中的管槽系统的上升部分是管槽系统的主干线路。线缆条数多、容量大、集中，一般是利用上升管路、电缆竖井或上升通道来敷设。

（1）垂直干线管槽通道

垂直干线管槽通道有电缆孔和电缆井两种方式

1）电缆孔方式

电缆孔干线通道中所用的电缆孔是很短的管道，通常是用直径100mm（4in）的刚性金属管做成的。它们嵌在混凝土地板中（这是在浇注混凝土地板时嵌入的），比地板表面高出25～100mm（1～4in）。电缆往往捆在钢绳上，而钢绳又固定到墙上已铆好的金属条上。当接线间上下对齐时，一般采用电缆孔方法。圆形孔洞处应至少安装三根圆形钢管，管径不小于100mm。

2）电缆井方式

电缆井是指在每层楼板上开出一些方孔，使电缆可以穿过这些电缆井从这层楼伸到另一层楼。电缆井的大小依所用电缆的数目而定，尺寸不小于300mm×100mm。与电缆孔方法一样，电缆也是捆在支撑用的钢绳上或箍在支撑用的钢绳上，钢绳靠墙上金属条或地板三脚架固定。

如果有必要增加电缆孔或电缆井，可利用直径—面积换算式来决定其大小。首先计算线缆所占面积，即每根线缆面积乘以线缆根数。然后，按管道截面利用率公式就可计算出管径。

（2）配线干线管槽通道

配线干线管槽通道有吊挂和托架两种方式。

1）吊挂方式

吊挂方法是指在管道干线系统中，用金属管道来安放和保护电缆，管道由吊杆支撑着，一般是间距1m左右设一对吊杆，因此吊杆的总量应为水平干线长度的2倍。在开放式通道和横向干线走线系统中（如穿越地下室），管道对电缆起机械保护作用。管道不仅有防火的优点，而且它提供的密封和坚固的空间使电缆可以安全地延伸到目的地。

2）托架方式

托架方法有时也叫作电缆托盘，它们是铝制或钢制部件，外形像梯子。如果把它搭在建筑物的墙上，就可以供垂直电缆布放；如果把它搭在天花板上，可供配线电缆布放。

使用托架走线槽时，一般是间距1～1.5m装一个托架，电缆放在托架上，由水平支撑件固定，必要时还要在托架下方安装电缆绞接盒，以保证在托架上方分支或连接，托架方法最适合电缆数目较多的情况。

依据各种线缆的分布设计，结合建筑物的性质、功能、特点和要求以及建筑结构条件等进行设置与制备管道与槽道，是建筑基础设施重要内容，是土建设计和施工不可分割的一部分，管槽设置最好是与建筑同步设计和同时施工。

暗敷管路槽道设计中，对于需预先留有的敷设位置和洞孔规格及数量，都涉及建筑设计和施工。因此，综合布线系统方案确定后，必须及早向建筑设计单位提出，以便在土建设计中纳入，做到及早联系、密切配合，使管槽系统能满足线缆敷设设计需要。

由于管槽系统在建成后，与建筑成为整体，属于永久性建筑，因此它的使用年限与建筑的使用年限完全一致。这就是说管槽系统的使用年限，应大于综合布线系统线缆的满足年限。

管槽系统是由引入管路、上升管路（包括上升房、电缆竖井和槽道等）和楼层管路（包括槽道和部分工作区管路）及联络管路（包括槽道）等组成。因此，在设计中应对它们的走向、路由、位置、管径规格等从整体和系统来全盘考虑，做到互相衔接、配合协调，不应产生脱节和矛盾等现象。

综合布线系统是开放式结构，既要做好建筑物内部和建筑群体的信息传输网络连接，又要与建筑外部的语音、数据和视频及监控系统连接，因此，在管道槽道系统设计中，必须精心研究，选用最佳技术方案，以满足各方面的需要。

链接2　管/槽和桥架设计

一、管/槽道设置

管/槽道设置是指按线缆布放设计，确定线缆布放管/槽道路径、规格和型号以及现场成型安装方式（吊顶内、地板下、墙壁内或墙面布管/槽）。

1）确定管/槽道粗细与长度。

$$S_0=(n\times S_n)/(ka)$$

式中　n—— 表示需要在管/槽中布放线缆（同规格）根数；

S_n—— 表示选用的线缆截面积；

S_0—— 表示要选择的管/槽道截面积；

k—— 表示布线标准规定允许线缆占有管/槽道的空间，通常取70%；

a—— 表示线缆之间浪费的空间，通常取40%～50%。

2）确定管/槽道端接位置和弯曲位置与弯曲程度。

3）计算管/槽道及端接件规格与长度，确定选材型号和数量，明确现场制备方式方法。

4）画出管/槽道路由施工图，列出用料清单。

二、桥架设置

当配线线缆多，管/槽不能满足线缆布放需求时，则用桥架来完成配线线缆布放，桥架成型规划设计一般有三种方式：

（1）天花板、房梁吊式

（2）墙壁三脚架支撑式

（3）地板下暗置式

无论哪种方式，都要根据配线缆布放数量、规格、种类进行桥架现场成型设计。

1）按线缆布放设计，确定桥架路径现场成型长度规格以及安装方式。

桥架设计：桥架大小以宽b是净高h的2倍设计，桥架横截面积$S=bh$。

电缆总截面积按照$S_0=n_1\pi（d_1/2）^2+n_2\pi（d_2/2）^2+\cdots\cdots$计算，式中：$d_1$、$d_2$……为各粗细不同电缆的直径，$n_1$、$n_2$、$n_3$……为相应电缆的根数。

按照技术要求，线缆在桥架中一般按占40%空间计算，$S_0=S\times40\%$，则电缆桥架的宽度为$b=S/h=S_0/（40\%h）$。

2）按设计尺寸选配桥架制备成型材料规格，确定转接接线盒位置。

3）画出桥架路由施工图。

4）工具材料准备，确定桥架连接件规格、数量，列出用料清单表。

三、常用PVC槽道规格和穿线数量表

槽道内线缆布放填充率不大于70%，见表3-18。在槽路连接、转角、分支集中处应采用相应的附件，并保持槽道良好的封闭性。槽垂直或倾斜敷设时，应采用线口固定线缆以防止线缆在槽内移动。槽道垂直敷设时，其固定间距不大于3m。

表3-18 PVC槽道内容纳线缆数额

规格/m	容 纳 线 数	富 余 量	规格/m	容 纳 线 数	富 余 量
20×13	2条双绞线	30%	80×50	50条双绞线	30%
25×13	3条双绞线	30%	100×50	60条双绞线	30%
30×17	6条双绞线	30%	100×80	80条双绞线	30%
40×25	10条双绞线	30%	120×50	90条双绞线	30%
50×27	15条双绞线	30%	120×80	100条双绞线	30%
60×30	22条双绞线	30%	200×160	200条双绞线	30%

四、常用PVC管道规格和穿线数量

管道内线缆布放填充率不大于70%，见表3-19，管路较长或有转弯时，加装管道拉线盒，两个拉线点（盒）之间距离有以下要求：

1）无弯管路时，不超过30m。

2）2个拉线点之间有1个弯时，不超过20m。

3）2个拉线点之间有2个弯时，不超过15m。

4）2个拉线点之间有3个弯时，不超过8m。

5）规格的PVC圆管内容线数额，见表3-19。

表3-19　PVC圆管内容线数额

规格/m	容纳线数	富余量	规格/m	容纳线数	富余量
15mm	1～2条双绞线	30%	50mm	12～14条双绞线	30%
20mm	2～3条双绞线	30%	65mm	17～42条双绞线	30%
25mm	4～5条双绞线	30%	80mm	49～66条双绞线	30%
32mm	5～6条双绞线	30%	100mm	67～80条双绞线	30%
40mm	7～11条双绞线	30%			

综上所述，管槽设置的可归纳为以下步骤：

1）按照线缆布放路由走向设计，设置管、槽路由。

2）依据线缆布放数量，设计管、槽型号与规格。

3）估算所用材料订购数量，明确现场成型制备方式。

4）如果用吊杆走线槽，则需要用多少根吊杆。

5）如果不用吊杆走线槽，则需要用多少根托架。

练习　PVC槽、管成型

一、PVC线槽成型

PVC线槽成型步骤如图3-38所示。

1）裁剪长为1m的PVC线槽，制作三个弯角（直角、内角、外角）。

2）在PVC线槽上测量300mm画一条直线（直角成型），测量线槽的宽度为39mm。

3）以直线为中心向两边量取39mm画线，确定直角的方向画一个直角三角形。

4）采用线槽剪刀裁剪画线三角形，形成线槽直角弯。

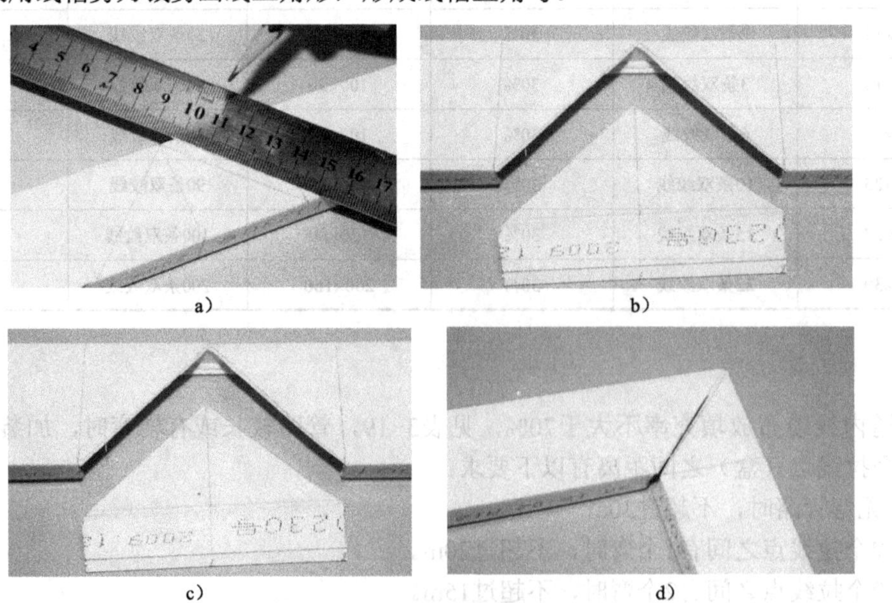

a）　b）　c）　d）

图3-38　PVC线槽成型

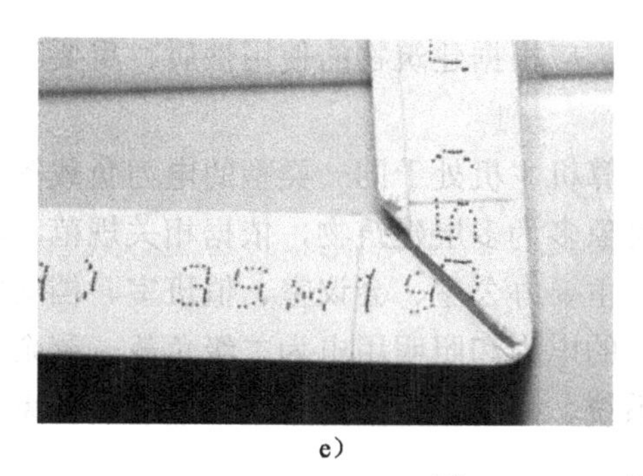

e）

f）

图3-38　PVC线槽成型（续）

a）测量、画出等腰直角三角形　b）剪裁出画线的三角形　c）以此类推，完成内角、外角制作

d）直角　e）内角　f）三个角完成后效果

二、PVC线管成型

PVC线管成型步骤如图3-39所示。

1）裁剪长为1m的PVC线管，制作直角弯。

2）在PVC线管上测量300mm画一条直线。

3）用绳子将弯管器绑好，并确定好弯管的位置。

4）将弯管器插入PVC管内，用力将PVC管弯曲。注意控制弯曲的角度。

5）最终完成PVC线管的成型制作。

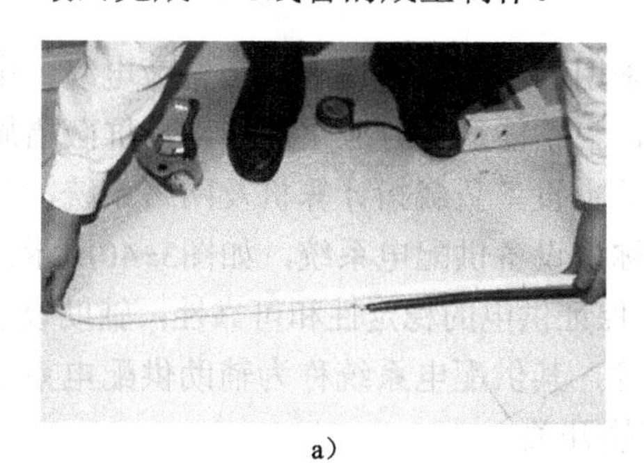

a）

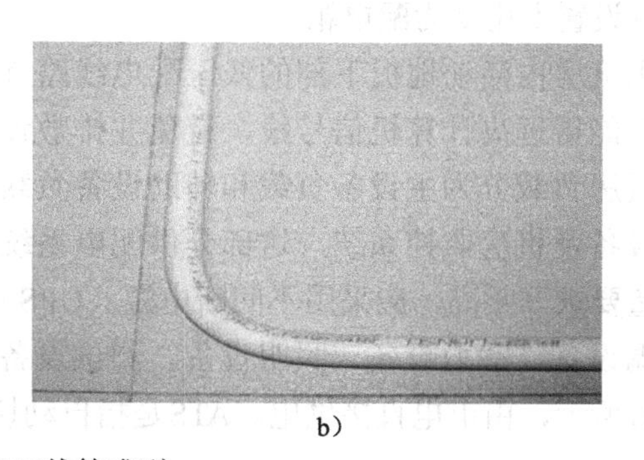

b）

图3-39　PVC线管成型

a）测量、确定要弯曲的位置　b）弯管成型

学习任务9　综合布线系统电源设计

学习目的

掌握综合布线系统的电源配制设计基本知识以及设计步骤，会电源配制设计方法以及室内外配制安装技术。

综合布线系统应设专用的供电线路，提供稳定可靠的电源，电源设计要考虑到系统有扩展、升级等可能性，应预留备用电容量。

确定综合布线系统的负载等级，按照现行国家标准《供配电系统设计规范》的规定进行设计。设备间和机房的电力负载等级的选定，应根据建筑物的使用性质、重要程度、工作特点以及通信安全要求等因素来考虑。

一般建筑物中的程控用户电话交换机和计算机主机处于同一类型的电力负载等级，采用统一的供电方案。综合布线系统工程施工对象多为多层建筑物，依据相关规范，消防设备用电、弱电机房及设备间用电、客梯电力、主要办公室、会议室、值班室、档案室及主要通道照明用电应为一级负载，其他重要场所的电力和照明用电为二级负载，剩余的为三级负载。综合布线电力系统包括计算机配电系统、网络设备配电系统、辅助设备系统及市电辅助系统。

链接　综合布线的电源设计要求

中心机房要采取专用低压馈电线路供电，为了便于维护管理和安全运行，机房内一般设置专用动力配电柜。

机房配电系统应按计算机设备、空调系统、其他系统分别专线供电，机房内空调系统及其他负载不得由主机电源和不间断电源供电，但应受主机房内电源切断开关的控制。各分线供电电路应安装无熔断自动跳闸开关，且容量应大于各分支电路无熔断开关全部容量之和，对于主机、软盘机、磁带机等主要设备应使用单独的分线开关及插座，有条件的主机房宜设置专用动力配电箱。

主机房内活动地板下部的低压配电线路宜采用铜芯屏蔽导线或铜芯屏蔽电缆，电源线应尽可能得远离计算机信号线，避免并排敷设，当不能避免时应采用相应的屏蔽措施。计算机机房负载分为主设备负载和辅助设备负载。主设备负载指计算机及网络系统、计算机外部设备及机房监控系统，这部分供配电系统称为设备供配电系统，如图3-40所示，其供电质量要求非常高，应采用不间断电源（UPS）保证供电的稳定性和可靠性；辅助设备负载指空调设备、动力设备、照明设备、测试设备等，其供配电系统称为辅助供配电系统，如图3-41所示，由市电直接供电。ATS是指自动切换开关。

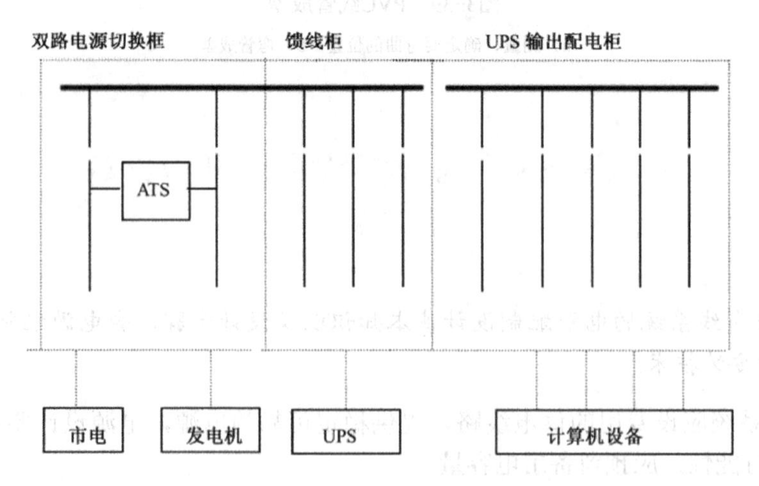

图3-40　设备供配电系统

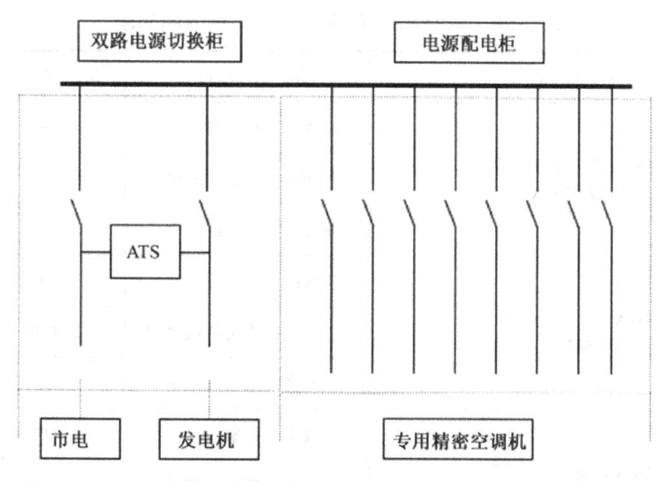

图3-41 辅助设备供配电系统

机房内的电气施工应选择优质电缆、线槽和插座。插座应分为市电、UPS及主要设备专用的防水插座，并注明易区分的标识。照明应选择机房专用的无眩光高级灯具。

机房供配电系统是机房安全运行的动力保证。机房往往采用机房专用配电柜，以保证机房供配电系统的安全、合理。

机房一般采用市电、发电机双回路供电，发电机作为主要的后备动力电源。

电源进线采用电缆或封闭母线，双路切换柜、馈线柜并排安装于配电室。配电系统采用集中控制，以便于管理计算机设备用电。

学习任务10 综合布线系统防护设计

学习目的

掌握综合布线系统的防护配制设计基本知识以及设计步骤，会防护设计方法以及室内外设计设备安装技术。

链接1 防护系统技术要求

一、电磁防护

综合布线系统选择线缆和配线设备时，应根据用户要求，并结合建筑物的环境状况进行考虑。当建筑物在建或已建成但尚未投入运行时，为确定综合布线系统的选型，应测定建筑物周围环境的干扰电磁场强度，系统与其他干扰源之间的距离是否符合规范要求。对于综合布线区域允许存在的电磁干扰场强有如下规定，非屏蔽（UTP）铜缆布线只适用于干扰辐射场强低于3V/m环境区域，而当干扰辐射场强高于3V/m区域或用户对电磁兼容性高要求时，应采用屏蔽铜缆或光缆布线系统。

综合布线系统区域，按照综合布线系统工程设计规范GB 50311—2016规定，综合布线系统与其他干扰源的间距应符合表3-20的要求。

表3-20　综合布线系统与其他干扰源的间距

序　号	干 扰 源	接 近 状 况	最小间距/mm	备　注
1	380V以下电力电缆 <2kV·A	与线缆平行敷设	130	双方在接地的线槽中且平行长度小于或等于10m时，最小间距可以是1m
		有一方在接地的线槽中	70	
		双方在接地的线槽中	10	
2	380V以下电力电缆 2～5kV·A	与线缆平行敷设	300	
		有一方在接地的线槽中	150	
		双方在接地的线槽中	80	
3	380V以下电力电缆 5kV·A以上	与线缆平行敷设	600	
		有一方在接地的线槽中	300	
		双方在接地的线槽中	150	

二、防静电地板

机房敷设防静电地板主要的作用是：防静电地板下形成隐蔽空间以及空调送风的静压箱，同时其抗静电功能也为计算机及网络设备的运行提供了安全保证。防静电主要指及时消除机房内部各处产生的静电荷，防止静电的聚集危害电子设备及人身安全，消除引发意外事故的可能性。

机房均应采用防静电地板，通过接地泄放静电荷。防静电地板的种类较多，根据地板材料不同可分为铝合金、全钢、复合木质刨花板等。

防静电地板主要由防静电地板板面和地板支承系统两部分组成。支承系统主要为横梁与支角（支角分成上、下托，螺杆可以调节，以调整地板面水平）。

地板规格主要为600mm×600mm。机房防静电地板敷设高度为0.3m。安装防静电地板过程中，在地板与墙面交界处，需精确切割下料。切割边需要进行封胶处理后才可安装。地板安装后，用铝塑板踢脚板压边装饰。沿机房四边墙线用20mm×4mm扁钢或直径6mm钢筋将防静电地板金属支撑管脚做多点重复接地焊接，在近电源电信间一侧用截面积为6mm^{2}以上的铜芯电缆。

三、电气保护

室外电缆进入建筑物时，通常在入口处经过一次转接进入室内，在转接处应加装电气保护设备，这样可以避免因电缆受到雷击产生感应电动势或与电力线路接触而损坏用户设备。

1．过电压保护

综合布线系统的过电压保护可选用气体放电管保护器或固态保护器，气体放电管保护器使用断开或放电间隙来限制导体和地之间的电压。放电间隙由粘在陶瓷外壳内密封的两个金属电柱形成，并充有惰性气体。当两个电极之间的电位差超过交流250V或雷电浪涌电压超过700V时，气体放电管出现电弧，为导体和地之间提供一条导电通路。固态保护器适合于较低的击穿电压（60～90V），而且其电路中不能有振铃电压。它利用电子电路将过量的有害电压释放至地，而不影响电缆的传输质量。固态保护器是一种电子开关，在未达到击穿电压前，可进行稳定的电压钳位；一旦超过击穿电压，它便将过电压引入地，为综合布线提供了最佳的保护。

2. 过电流保护

综合布线系统除了采用过电压保护外，还同时采用过电流保护。过电流保护器串联在线路中，当线路发生过电流时，就切断线路。为了维护方便，过电流保护一般都采用有自动恢复功能的保护器。

3. 浪涌保护

强制执行的GB 50311—2016规范第8.0.10条：当电缆从建筑物外面进入建筑物时，应选用适配的信号线浪涌保护器，信号线路浪涌保护器应符合设计要求。

链接2　防雷防火防静电

一、防火保护

综合布线系统工程设计中，应注意布线通道的防火，在设计中注意以下问题。

1）建筑物的易燃区域或电缆竖井内，综合布线系统所有的电缆或光缆都要采用阻燃护套。如果这些线缆是穿放在不可燃的管道内，或在每个楼层均采取了切实有效的防火措施（如用防火堵料或防火板堵封严密），可以不设阻燃护套。

2）在易燃区域或电缆竖井内，所有敷设的电缆或光缆宜选用防火、防毒的产品。万一发生火灾，因电缆或光缆具有防火、低烟、阻燃或非燃等性能，不会或很少散发有害气体，对于救火人员和疏散人流都比较有利。目前采用的有低烟无卤阻燃型（LSHF-FR）、低烟无卤型（LSOH）、低烟非燃型（LSNC）、低烟阻燃型（LSLC）等多种产品。此外配套的接续设备也应采用阻燃型的材料和结构。如果电缆和光缆穿放在钢管等非燃烧的管材中，如不是主要部分可考虑采用普通外护层。若是重要布线段落且是主干线缆，考虑到火灾发生后钢管受到炙烤，管材内部形成高温空间会使线缆护层发生变化或损伤，也应选用带有防火、阻燃护层的电缆或光缆，以保证通信线路安全。除主材选择非燃性或难燃性材料外，其他材料尽可能选择难燃性材料。另外，所有的木质隐蔽部分均做防火处理。机房装修材料要选择无毒、无刺激性、不燃、难燃、阻燃材料。

设备机房应设二氧化碳灭火系统、火灾自动报警系统，并符合国家标准《火灾自动报警系统设计规范》和《计算机场地安全要求》的规定。中心机房宜采用感烟探测器，当设有固定灭火系统时，应采用感烟、感温两种探测器的组合，在吊顶的上、下方及活动地板下，均应设计探测器和喷嘴。主机房出口应设置向疏散方向开启且能自动关闭的门，并应保证在任何情况下都能从机房内打开。机房内的电源切断开关应靠近工作人员的操作位置或主要出入口。机房内存放记录介质应采用金属柜或其他能防火的容器。

二、防雷防静电保护

综合布线电缆和相关连接硬件接地是提高系统可靠性、抑制噪声、防雷防静电保障安全的重要手段，设计人员、施工人员在进行布线设计施工前，都必须对所有设备特别是应用系统设备的接地进行认真研究，弄清接地要求以及各类地线之间的关系。如果接地系统处理不当，将会影响系统设备的稳定性，引起故障，甚至会烧毁系统设备，危及操作人员生命安全。

1．设备接地

综合布线系统设备的接地，按不同作用分为直流工作接地、交流工作接地、安全保护接地、防雷保护接地、防静电接地及屏蔽接地等。接地系统以接地电流易于流动为目标，接地电阻越小越好。

综合布线系统中各种微电子装置的接地种类繁多，归纳起来可分为以下几类。

1）供电电源中性点的工作地，是指稳定的供电系统中性点电位的接地。

2）防雷保护接地，是指在雷雨季节为防止雷电过电压的保护接地。

3）安全保护接地，是指为防止接触电压及跨步电压危害人身和设备安全而设置的微电子装置金属外壳的接地。

4）直流系统接地（又称为逻辑地、工作地），为微电子装置各个部分、各个环节提供稳定的基准电位（一般是零点位）。

5）屏蔽接地，是为抑制各种干扰信号而设置的，屏蔽的种类很多，但都须要可靠地接地，屏蔽地就是屏蔽网络的接地。

2．联合接地

联合接地方式也称单点接地方式，即所有接地系统共用一个共同的“地”。当综合布线采用联合接地系统时，接地体一般利用建筑物基础内钢筋网作为自然接地体，其接地电阻应小于1Ω。在实际应用中通常采用联合接地系统，因为与分散接地相比，联合接地方式具有以下几个显著的优点：当建筑物遭受雷击时，楼层内各点电位分布比较均匀，工作人员及设备的安全能得到较好的保障；大楼的框架结构对中波电磁场能提供10～40dB的屏蔽效果；容易获得较小的接地电阻；可以节约金属材料，占地少。

联合接地方式，即防雷接地、保护接地、工作接地等均直接与接地网直接连接，总的接地电阻应小于1Ω，实现所谓“零接地电阻”。

接地系统的结构

根据商业建筑物接地和接线要求的规定，综合布线系统接地的结构包括接地线、接地母线、接地干线、主接地母线、接地引入线、接地体六部分。在进行系统接地的设计时，可按上述6个部分分层次地进行设计。

1）接地线是指综合布线系统各种设备与接地母线之间的连线。所有接地线均为铜质绝缘导线，其截面应不小于4mm^2。当综合布线系统采用屏蔽电缆布线时，信息插座的接地可利用电缆屏蔽层作为接地线连至每层的配线柜；当综合布线的电缆采用穿钢管或金属线槽敷设时，钢管或金属线槽应保持连续的电气连接，并应在两端具有良好的接地。

2）接地母线（也称接地端子）是配线子系统接地线的公用中心连接点。每一层的楼层配线柜均应与本楼层接地母线相焊接，与接地母线同一配线间的所有综合布线用的金属架及接地干线也均应与该接地母线相焊接。接地母线均应为铜母线，其最小的尺寸应为6mm（厚）×50mm（宽），长度视工程实际需要来确定。接地母线应尽量采用电镀锡以减小接触电阻。

3）接地干线是由总接地母线引出连接所有接地母线的接地导线。在进行接地干线的设计时，应充分考虑建筑物的结构形式、建筑物的大小以及综合布线的路由与空间配置，并与综合布线电缆干线的敷设相协调。接地干线应安装在不易受物理和机械损伤之处。建筑物内的水管及金属电缆屏蔽层不能作为接地干线使用。当建筑物中使用两个或多个垂直接地干线时，它们之间每隔三层及顶层须用与接地干线等截面的绝缘导线相焊接。接地干线应为绝缘铜芯导线，最小截面应不小于16mm²。当在接地干线上其接地电位差大于1Vr.m.s（有效值）时，楼层配线间应单独用接地干线接至主接地母线。

4）主接地母线（总接地端子）。一般情况下，每栋建筑物有一个主接地母线。主接地母线作为综合布线接地系统中接地干线及设备接地线的转接点，其理想位置宜设于外线引入间或建筑配线间。主接地母线应布置在直线路径上，同时考虑从保护器到主接地母线的焊接导线不宜过长。接地引入线、接地干线、直流配电屏接地线、外线引入间的所有接地线以及与主接地母线同一配线间的所有综合布线用的金属架均应与主接地母线良好焊接。当外线引入电缆配有屏蔽或穿金属保护管时，此屏蔽和金属管也应焊接至主接地母线。主接地母线应采用铜母线，其最小截面尺寸为6mm（厚）×100mm（宽），长度视工程实际需要而定。主接地母线也尽量采用电镀锡以减小接触电阻。

5）接地引入线指主接地母线与接地体之间的连接线，宜采用40mm（宽）×4mm（厚）或50mm×5mm的镀锌扁钢。接地引入线应做绝缘防腐处理，在其出土部位应有防机械损伤措施，且不宜与暖气管道同沟布放。

6）接地体。接地体分自然接地体和人工接地体两种。当综合布线采用单独接地系统时，接地体一般采用人工接地体，距离工频低压交流供电系统的接地体不宜小于10m；距离建筑物防雷系统的接地体不应小于2m；接地电阻不应大于4Ω。

3. 接地具体要求

弱电系统的接地装置应符合下列要求。

1）当配管采用镀锌电管时，除设计明确规定外，管与管、管与金属盒连接后不必跨接。管间采用螺纹连接时，管端螺纹长度不应小于管接头长度的1/2，螺纹表面应光滑、无锈蚀、缺损，在螺纹上应涂以电力复全脂或导电性防腐脂，连接后，其螺纹宜外露2～3扣；管间采用带有紧定螺钉的套管连接时，螺钉应拧紧；在振动的场所，紧定螺钉应有防松动措施；管与盒的连接不应采用塑料套头，应采用导电的金属套头；弱电管子内有绝缘线时，每只接线盒都应和绝缘线相连。

2）当配管采用镀锌电管，且设计又规定管间须要跨接时，明敷配管不应采用熔焊跨接，应采用设计指定的专用接线卡跨接；埋地或埋设于混凝土中的电管，不应用接线卡跨接，可采取熔焊跨接；若管内穿有裸软绝缘铜线时，电管可不跨接。此绝缘线必须与它所经过的每一只接线盒相连。

3）配管采用黑铁管时，若设计不要求跨接，则不必跨接；若要求跨接时，黑铁管之间及黑铁管与接线盒之间可采用圆钢跨接，单面焊接，跨接长度不宜小于跨接圆钢直径的6倍；黑铁管与镀锌桥架之间跨接时，应在黑铁管端部焊一支铜螺栓，用不小于4mm²的铜导线与镀锌桥架相连。

4）当强弱电都采用PVC管时，为避免干扰，弱电配管应尽量避免与强电配管平行敷设。若必须平行敷设，则相隔距离宜大于0.5m。

5）当强弱电用线槽敷设时，强弱电线槽宜分开；当须要敷设在同一线槽时，强弱电之间应用金属隔板隔开。

6）交接间、设备间地面均应用防静电地板敷设。

模块4　综合布线工程施工技术

学习任务1　施 工 准 备

学习目的

了解施工准备的内容、方法与步骤，会编制综合布线工程施工方案。

链接1　熟悉施工图样和工程设计

施工人员应详细阅读综合布线系统工程设计文件和施工图样，了解设计内容及设计意图，明确工程所采用的设备和材料以及图样所提出的施工要求，熟悉和工程有关的其他技术资料，如施工及验收规范、技术规程、质量检验评定标准以及制造厂提供的资料（包括安装使用说明书、产品合格证和测试记录数据等）。

一、施工场地的准备

为了便于管理，施工现场必须布置一些临时场地和设施，如管槽加工制作场、材料设备储存仓库、现场办公室和现场供电供水设施等。

1）管槽加工制作场，在管槽施工阶段，根据布线路由实际情况，对管槽材料进行现场切割和加工。

2）仓库，对于规模较大的综合布线工程，设备材料都有一个采购周期，同时，每天使用的施工材料和施工工具不可能都存放到公司仓库，因此必须在现场设置一个临时仓库用来存放施工工具、管槽、线缆及其他材料。

3）现场办公室，现场施工的指挥场所，配备照明、电话和计算机等办公设备。

二、施工工具的准备

室外沟槽施工工具：铁锹、十字镐、电镐和电动蛤蟆夯等。线槽、线管和桥架施工工具：电钻、充电手钻、电锤、台钻、钳工台、型材切割机、手提电焊机、曲线锯、钢锯、角磨机、钢钎、铝合金人字梯、安全带、安全帽、电工工具箱（台虎钳、尖嘴钳、斜口钳、一字螺钉旋具、十字螺钉旋具、测电笔、电工刀、裁纸刀、剪刀、活扳手、呆扳手、卷尺、铁锤、钢锉、电工皮带和手套）等。

1）线缆敷设工具，包括线缆牵引工具和线缆标识工具。线缆牵引工具有牵引索、牵引缆套、拉线转环、滑车轮、防磨装置和电动牵引绞车等；线缆标识工具有手持线缆标识机和热转移式标签打印机等。

2）线缆端接工具，包括双绞线端接工具和光纤端接工具。双绞线端接工具有剥线钳、压线钳、打线工具；光纤端接工具有光纤磨接工具和光纤熔接机等。

3）线缆测试工具，简单铜线缆序测试仪、FLUKE DTX系列线缆认证测试仪、光功率计和光时域反射仪等。

三、环境检查

施工前，现场调查了解设备间、配线间、工作区、布线路由（如吊顶、地板、电缆竖井、暗敷管路、线槽以及洞孔等），特别是对预先设置的管槽要进行检查，看是否符合安装施工的基本条件。

在智能化小区中，除对上述各项条件进行调查外，还应对小区内敷设管线的道路和各幢建筑引入部分进行了解，看有无妨碍施工的问题。总之，工程现场必须具备使安装施工能顺利开展、不会影响施工进度的基本条件。

四、器材检验

工程所用缆线和器材的品牌、型号、规格、数量、质量应在施工前进行检查，应符合设计文件要求，并应具备相应的质量文件或证书，无出厂检验证明材料、质量文件或与设计不符者不得在工程中使用；进口设备和材料应具有产地证明和商检证明；经检验的器材应做好记录，对不合格的器材应单独存放，以备核查与处理；工程中使用的缆线、器材应与订货合同或封存的产品样品在规格、型号、等级上相符；备品、备件及各类文件资料应齐全。

五、型材、管材与铁件的检验

各种金属材料的材质、规格应符合设计文件的规定。表面所作防锈处理应光洁良好，无脱落和气泡的现象，不得有歪斜、扭曲、飞刺、断裂和破损等缺陷。各种管材的管身和管口不得变形，接续配件要齐全有效。各种管材（如钢管、硬质PVC管等）内壁应光滑、无节疤、无裂缝，材质、规格、型号及孔径壁厚应符合设计文件的规定和质量标准。在工程中经常存在供应商偷工减料的情况，例如，订购100mm×50mm×1mm规格的镀锌金属线槽，可能给的是0.8mm或0.9mm厚的材料，因此要用千分尺等工具对材料厚度进行抽检。

六、真假双绞电缆检验

1．外观检查

查看标识文字。电缆的塑料包皮上都印有生产厂商、产品型号、产品规格、认证、长度、生产日期等文字，正品印刷的字符非常清晰、圆滑，基本上没有锯齿。假货的字迹印刷质量较差，有的字体不清晰，有的呈严重锯齿状。

查看线对色标。线对中白色线不应是纯白的，而是带有与之成对的那条芯线颜色的花白，这主要是为了方便用户使用时区别线对，而假货通常是纯白色或者花色不明显。

查看线对绕线密度。双绞线的每对线都绞合在一起，正品电缆绕线密度适中均匀，方向是逆时针，且各线对绕线密度不一致。次品和假货通常绕线密度很小且4对线的绕线密度可能一样，方向也可能会是顺时针，这样，制作工艺容易且节省材料，减少了生产成本，所以次品和假货价格非常便宜。

2. 与样品对比

为了保障电缆、光缆的质量，在工程的招投标阶段可以对厂家所提供的产品样品进行分类封存备案，待厂家大批量供货时，用所封存的样品进行对照，检查样品与批量产品品质是否一致。

3. 抽测线缆的性能指标

双绞线一般以305m（1000ft）为单位包装成箱。较好的性能抽测方法是使用FLUKE 4×××系列认证测试仪配上整轴线缆测试适配器。整轴线缆测试适配器是FLUKE公司推出的线轴电缆测试解决方案，可以让用户在线轴中的电缆被截断和端接之前对它的质量进行评估测试。如果没有以上条件，也可随机抽出几箱电缆，从每箱中截出90m长的电缆，测试其电气性能指标，从而比较准确地测试双绞线的质量。

链接2 施工方案编制

在全面熟悉施工图样的基础上，依据图样并根据施工现场情况、技术力量及技术装备情况、设备材料供应情况，做出合理的施工方案。施工方案的内容主要包括施工组织和施工进度。施工方案要做到人员组织合理，施工安排有序，工程管理有方，同时要明确综合布线工程和主体工程以及其他安装工程的交叉配合，确保在施工过程中不破坏建筑物的强度和外观，不与其他工程发生位置冲突，以保证工程的整体质量。

施工方案编制，坚持统一计划的原则，认真做好综合平衡，切合实际，留有余地，遵循施工工序，注意施工的连续性和均衡性。

施工方案编制，依据工程合同的要求，施工图样、概预算和施工组织计划，企业的人力和资金等保证条件。

1. 施工组织机构编制

计划安排主要采用分工序施工作业法，根据施工的角度，综合布线作为一个独立的系统，它在工程项目总体施工部署和管理目标的指导下，形成自身的项目管理方案和目标，按照其预先设计、达到相应等级以及质量要求，如期竣工交付业主使用。

2. 布线工程签订合同

接收到工程项目总部（或建设方、监理）《工程施工入场通知单》日起，综合布线项目部成立并进入工程现场准备开始施工。

3. 人员组织安排

项目部成立，应做出相应的人员安排（根据现场的实际情况，如工程项目较小，可一人承担两项或三项工作）

项目经理，具有大综合布线系统工程项目的管理与实施经验，监督整个工程项目的实施，负责工程项目的实施进度；负责协调解决工程项目实施过程中出现的各种问题；负责与业主及相关人员的协调工作。

技术人员，要求具有丰富工程施工经验，对项目实施过程中出现的进度、技术等问题，及时上报项目经理，熟悉综合布线系统的工程特点、技术特点及产品特点，并熟悉相关技术执行标准及验收标准，负责协调系统设备检验与工程验收工作。

质量、材料员，要求熟悉工程所需的材料、设备规格，负责材料、设备的进出库管理和库存管理，保证库存设备的完整。

安全员，要求具有很强的责任心，负责巡视日常工作安全防范以及库存设备材料安全。

资料员，负责日常的工程资料整理（图样、洽商文档、监理文档、工程文件、竣工资料等）。

施工班组人员，承担工程施工生产，应具有相应的施工能力和经验。

4. 熟悉工程情况、组织施工

熟悉工程状况后，项目组成员分工明确，责任到人，同时还应发扬相互协作的精神，严格按照各项规章制度、工作流程开展工作。

1）施工机械设备的准备，综合布线的大型施工工具或设备，主要为电钻、电锤、切割机、网络测试仪、线缆端接工具、光纤熔接机、测试仪等。

2）熟悉综合布线设计文件，掌握系统设计要点，熟悉施工图样对施工班组技术交底。

3）制定工程实施方案，由项目经理负责组织，设计人员负责完成。应根据整体工程进度，编制综合布线工程施工组织设计方案，编制工程施工进度计划表。

4）工程材料进场，应根据施工进度计划，分批次采购设备、材料进场并组织相关人员（业主、监理公司）检验。检验合格后应形成业主或监理公司签收的书面文件，作为工程结算的文件之一。

5）工程实施，由项目经理负责组织，由工程技术组、质量管理组、施工班组完成。在整个实施过程中，以控制工程质量为主，以控制工程进度为辅，不断督导检查，以执行标准为设计依据，以工程验收标准为检验依据，保证工程顺利完成，直至工程竣工验收。

二、工程项目的组织协调

工程项目在施工过程中会涉及很多方面的问题，一个建筑施工项目常有几十家涉及不同专业的施工单位，矛盾是不可避免的。协调作为项目管理的重要工作，是要有效地解决各种分歧和施工冲突，使各施工单位齐心协力保证项目的顺利实施，以达到预期的工程建设目标。协调工作主要由项目经理完成，由技术人员支持。

综合布线项目协调的内容大致分为以下几个方面：

1）相互配合的协调，包括其他专业的施工单位、业主、监理公司、设计公司或咨询公司等在配合关系上的协调，如与其他施工单位协调施工次序的先后，线槽线管的路由走向，或如何避让强电线槽线管以及其他会造成电磁干扰的机电设备等；与业主、监理公司协调工程进度款的支付、施工进度的安排、施工工艺的要求、隐蔽工程验收等；与设计公司或咨询公司协调技术变更等。

2）施工供求关系的协调，包括工程项目实施中所需要的人力、工具、资金、设备、材料、技术的供应，主要通过协调解决供求平衡问题。应根据工程施工进度计划表组织施工，安排相关数量的施工班组人员以及相应的施工工具，安排生产材料的采购，解决施工中遇到技术或资金问题等。

3）项目人际关系的协调，包括工程总包方、弱电总包方其他专业施工单位和业主的人际关系，主要解决在工作中人员之间产生的联系或矛盾。

4）施工组织关系的协调，包括协调综合布线项目内部技术的处理、质量的把控、材料的验收、安全的保障、资料的收集以及施工班组相互配合等问题。

二、工程施工工作流程

1）安装水平线槽。

2）安装敷设穿线管。

3）安装信息插座暗盒。

4）安装竖井桥架。

5）水平线槽与竖井桥架的连接。

6）敷设水平UTP线缆。

7）敷设垂直主干大对数电缆、光缆。

8）安装工作区模块面板。

9）安装各个配线间机柜。

10）楼层配线架线缆端接。

11）楼层配线架大对数线缆端接。

12）综合布线主机房大对数线缆端接。

13）光纤配线架安装。

14）光纤熔接。

15）系统测试（水平链路测试、大对数线缆、光纤测试）。

16）自检合格（成品保护）。

17）验收（竣工资料、竣工图样）。

三、施工安装与管理要点

1）安装线槽、线管、信息插座暗盒、竖井桥架以及连接水平线槽与竖井桥架时应严格遵守施工要求，保证施工质量（如线缆敷设时线槽、线管应确保连接紧密、牢靠，管道内无毛刺等），熟悉相关标准（如强弱电线槽、线管、暗盒应保持30cm距离并应做好接地等）。

2）敷设水平UTP线缆、垂直主干大对数电缆、光纤时应做好线缆两头的标记。布放线缆时应注意：不能超过线缆牵引力范围，线缆布放时应有冗余；在楼层配线间UTP电缆预留一般为3～6m；工作区为0.3～0.6m；光缆在设备端预留长度一般为5～10m；有特殊要求时应按设计要求预留长度；在同一线槽内包括绝缘层在内的导线截面积总和应该不超过内部截面积的40%；线缆的布放应平直，不得产生扭绞、打圈等现象，不应受到外力的挤压和损伤；电缆桥架内线缆垂直敷设时，在线缆的上端和每间隔1.5m处，应固定在桥架的支架上，水平敷设时，在线缆的首端、尾端、转弯中心点以及每间隔3～5m处均设置固定点。

3）安装工作区模块面板、楼层配线架线缆端接、楼层配线架大对数线缆端接、综合布线主机房大对数线缆端接时应同时制作连接端口标签，在端接线缆时应考虑机柜整体规划，合理安排数据配线架、语音配线架的安装位置以及线槽的安装位置。线缆应布放整齐并捆扎牢固，端接时要按照不同类别布线系统的要求，打开线缆对绞长度不应该超出标准要求。工程情况分阶段进行，合理安排交叉作业以提高工效。

学习任务2　管/槽与机柜安装

学习目的

熟悉综合布线工程管槽、机柜安装技术要求，会按照施工图样进行管槽、机柜安装。

链接　管槽安装技术要求

按照施工图，安装管槽系统横平竖直，采用弹线定位。根据施工图确定的安装位置，从始端到终端（先垂直干线定位再水平干线定位）找好水平或垂直线，用墨线袋沿线路中心位置弹线。

一、金属管安装

1）预埋在墙体中间暗管的最大管外径不宜超过50mm，楼板中暗管的最大管外径不宜超过25mm，室外管道进入建筑物的最大管外径不宜超过100mm。

2）直线布管每30m处应设置过线盒装置。

3）暗管的转弯角度应大于90°，在路径上每根暗管的转弯角不得多于2个，并不应有S弯出现，有转弯的管段长度超过20m时，应设置管线过线盒装置；有2个弯时，不超过15m处应设置过线盒。

4）暗管管口应光滑，并加有护口保护，管口伸出部位宜为25～50mm。

5）至楼层电信间暗管的管口应排列有序，便于识别与布放线缆。

6）暗管内应安置牵引线或拉线。

7）金属管明敷时，在距接线盒300mm处，弯头处的两端，每隔3m处应采用管卡固定。

8）管路转弯的曲半径不应小于所穿入线缆的最小允许弯曲半径，并且不应小于该管外径的6倍，如暗管外径大于50mm时，不应小于10倍。

9）光缆与电缆同管敷设时，应在暗管内预置塑料子管。将光缆敷设在子管内，使光缆和电缆分开布放。子管的内径应为光缆外径的2.5倍。

二、金属线槽安装

1）线槽的规格尺寸、组装方式和安装位置均应按设计规定和施工图的要求。线缆桥架底部应高于地面2.2m，顶部距建筑物楼板不宜小于300mm，与梁及其他障碍物交叉处间的距离不宜小于50mm。

2）线缆桥架水平敷设时，支撑间距宜为1.5～3m。垂直敷设时固定在建筑物结构体上的间距宜小于2m，距地1.8m以下部分应加金属盖板保护，或采用金属走线柜包封，门应可开启。

3）直线段线缆桥架每超过15～30m或跨越建筑物变形缝时，应设置伸缩补偿装置。金属线槽敷设时，在下列情况下应设置支架或吊架：线槽接头处；每间距3m处；离开线槽两端出口0.5m处；转弯处。吊架和支架安装应保持垂直，整齐牢固，无歪斜现象。

4）线缆桥架和线缆槽转弯半径不应小于槽内线缆的最小允许弯曲半径，线槽直角弯处最小弯曲半径不应小于槽内最粗线缆外径的10倍。

桥架和线槽穿过防火墙体或楼板时，线缆布放完成后应采取防火封堵措施。

5）线槽安装位置应符合施工图样规定，左右偏差不应超过50mm，线槽水平度误差每米不应超过2mm，垂直线槽应与地面保持垂直，无倾斜现象，垂直度误差不应超过3mm。

线槽之间用接头连接板拼接，并用螺钉拧紧。两线槽拼接处水平偏差不应超过2mm。

盖板应紧固，并且要错位盖槽板。

线槽截断处及两线槽拼接处应平滑、无毛刺。

金属桥架、线槽及金属管各段之间应保持连接良好，安装牢固。

采用吊顶支撑柱布放线缆时，支撑点宜避开地面沟槽和线槽位置，支撑应牢固。吊顶支撑柱中电力线和综合布线线缆合一布放时，中间应有金属板隔开，间距应符合设计要求。

当综合布线线缆与大楼弱电系统线缆采用同一线槽或桥架敷设时，子系统之间应采用金属板隔开，间距应符合设计要求。

三、预埋金属线槽安装

在建筑物中预埋线槽，宜按单层设置，每一路由进出同一过路盒的预埋线槽均不应超过3根，线槽截面高度不宜超过25mm，总宽度不宜超过300mm。线槽路由中若包括过线盒和出线盒，截面高度宜在70～100mm范围内。

线槽直埋长度超过30m或在线槽路由交叉、转弯时，宜设置过线盒，以便于布放线缆和维修。

过线盒盖应能开启，并与地面齐平，盒盖处应具有防灰与防水功能。过线盒和接线盒盒盖应能抗压。

从金属线槽至信息插座模块接线盒间或金属线槽与金属钢管之间相连接时的线缆宜采用金属软管敷设。

四、地板下天花板内线槽与机柜安装

在架空活动地板下敷设线缆时，地板内净空应为150～300mm。若空调采用下送风方式则地板内净高应为300～500mm。

线槽之间应衔接沟通。线槽盖板应可开启。主线槽的宽度宜在200～400mm，支线槽宽度不宜小于70mm。可开启的线槽盖板与明装插座底盒间应采用金属软管连接。地板块与线槽盖板应抗压、抗冲击和阻燃。当网络地板具有防静电功能时，地板整体应接地。网络地板板块间的金属线槽段与段之间应保持良好导通并接地。

五、PVC线槽的安装

PVC线槽4种安装方式分别为在天花板吊顶采用吊杆或托式桥架、在天花板吊顶外采用托架桥架敷设、在天花板吊顶外采用托架加配固定槽敷设和在墙面上明装。

采用托架时，一般在1m左右安装一个托架。

采用固定槽时，一般1m左右安装一个固定点。固定点是指固定槽的地方，根据槽的大小来设置间隔：

25mm×20mm～25mm×30mm规格的槽，一个固定点应由2～3个螺钉固定，并水平排列。

25mm×30mm以上的规格槽，一个固定点应由3～4个螺钉固定，呈梯形状，使槽受力点分散分布。

除了固定点外，应每隔1m左右钻2个孔，用双绞线穿入，待布线结束后，把所布的双绞线捆扎起来。

在墙面明装PVC线槽，线槽固定点间距一般为1m，有直接向水泥中钉螺钉和先打塑料膨胀管再钉螺钉两种固定方式。

配线干线、垂直干线布槽的方法是一样的，差别在于一个是横布槽，一个是竖布槽。当配线干线与工作区交接处不易施工时，可采用金属软管（蛇皮管）或塑料软管连接。

六、信息插座底盒安装

信息插座的具体数量和装设位置以及规格型号应根据设计中的规定来配备和确定。接线模块等连接硬件的型号、规格和数量，都必须与设备配套使用，做到连接硬件正确安装，线缆连接区域划界分明。信息插座应有明显的标识，可以采用颜色、图形和文字符号来表示所接终端设备的类型，以便于维护与管理。

在新建的智能建筑中，信息插座宜与暗敷管路系统配合，信息插座盒体采用暗装方式，在墙壁上预留洞孔，将盒体埋设在墙内，综合布线施工时，只需加装接线模块和插座面板。在已建成的建筑物中，信息插座的安装方式可根据具体环境条件采取明装或暗装方式。

信息插座底盒安装，底座、接线模块与面板的安装牢固稳定，无松动现象；信息插座底座的固定方法应以现场施工的具体条件来定，可用膨胀螺钉、射钉等方法安装；设备表面的面板应保持在一个水平面上，做到美观整齐。

安装在地面上或活动地板上的地面信息插座，如图4-1所示，是由底盒、盖板、金属支架、信息框架等组成。插座面板有直立式（面板与地面成45°，可以倒下成平面）和水平式等几种。线缆连接固定在接线盒体内的装置上，接线盒体均埋在地面下，其盒盖面与地面平齐，可以开启，要求必须有严密防水、防尘和抗压功能。在不使用时，插座面板与地面齐平，不得影响人们的日常行动。

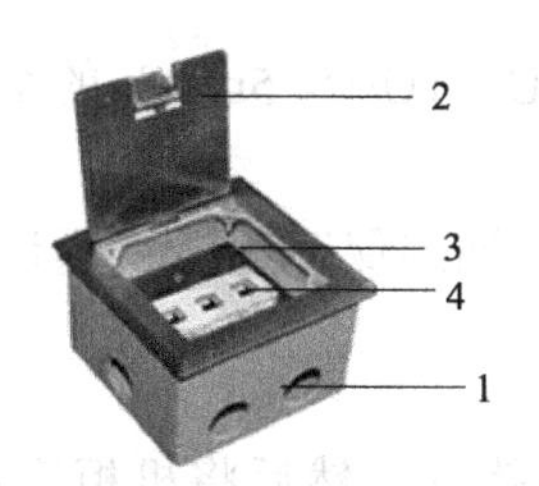

图4-1　开启式三口地面信息插座盒

安装在墙上的信息插座，其位置宜高出地面300mm左右。如果房间地面采用活动地板，则信息插座应离活动地板地面为300mm。

机柜与设备的排列布置、安装位置和设备朝向都应符合设计要求，并符合实际测定后的机房平面布置图中的要求。机柜安装完工后，垂直度误差不应大于3mm。若厂家规定高于这个标准，则其水平度误差和垂直度误差都必须符合生产厂家的规定。机柜和设备上各种零件不应脱落或损坏，表面漆面如有损坏或脱落，应予以补漆。各种标识应统一、完整、清晰、醒目。

机柜和设备必须安装牢固可靠，在有抗震要求时，应根据设计规定或施工图样中的防震措施要求进行抗震加固。各种螺钉必须拧紧，无松动、缺少、损坏或锈蚀等缺陷，机柜更不应有摇晃现象。

为便于施工和维护人员操作，机柜和设备前应预留1500mm的空间，其背面距离墙面应大于800mm，以便人员施工、维护和通行。相邻机柜设备应靠近，同列机柜和设备的机面应排列平齐。

机柜、设备、金属钢管和槽道的接地装置应符合设计和施工及验收规范规定的要求，并保持良好的电气连接。所有与地线连接处应使用接地垫圈，并且确保与设备能连接导电，保证接地回路畅通。不得将用过的垫圈取下重复使用。只允许一次装好，以保证接地回路畅通，不得将已用过的垫圈取下重复使用。

建筑群配线架或建筑物配线架如采用单面配线架的墙上安装方式时，要求墙壁必须坚固牢靠，能承受机柜重量，其机柜柜底距地面宜为300～800mm，或视具体情况而定。其接线端子应按电缆用途划分连接区域以方便连接，并设置标识以示区别。

练习　机柜与设备安装

进程一、设备、材料和工具及施工图样

1）简易网络综合布线实验装置。

2）42U立式机柜或壁挂式机柜以及设计图样。

3）十字螺钉旋具、M6螺栓等。

进程二、训练步骤

1．按设计图样确定机柜选型与位置

1）机柜内安装标准U设备的数量和容量。

2）考虑设备散热量，每个设备之间留1～3U（1U=44.5mm）的空间，利于散热、接线和检修。

3）机柜在机房的布置必须考虑远离配电箱，四周保证有1m的通道和检修空间。

2．安装立式机柜

确定机柜位置后，实际测量尺寸，将机柜就位。然后将机柜底部的定位螺栓向下旋转，将四个轱辘悬空，保证机柜不能转动，接入电源，连接机柜内风扇。

所需进线间/设备间（BD）的工具与材料：6cm长的方块螺钉配螺母20套、理线架2个、超5类模块化配线架1个、100对110语音配线架1个、光纤配线架1个（含耦合器与尾纤）、综合布线工箱1个、110 110跳线1条、110 RJ—45跳线1条、光纤跳线。

3．安装壁挂式机柜

壁挂式机柜一般安装在墙面，必须避开电源线路，高度在2.5m以上。安装前，现场用纸板比对机柜上的安装孔，做一个样板，按照样板孔的位置在墙面开孔，安装10～12mm膨胀螺栓4个，然后将机柜安装在墙面，引入电源。

所需电信间（FD）的工具与材料：6cm长的方块螺钉配螺母28套、24口交换机1台、理线架3个、超5类固定式配线架1个、100对110语音配线架1个、综合布线工箱1个、光纤配线架1个（含耦合器与尾纤）光纤熔接机1台、光纤熔接工具箱1个、110 RJ—45跳线1条、光纤跳线1条。

进程三、操作训练

1）确定好需要安装的设备和安装的位置、间隔，采用一字螺钉旋具，将方块螺母卡接在U条的相应孔位上，安装和完成效果如图4-2所示。应确保方块螺母稳固、不易脱落。

图4-2　使用一字螺钉旋具安装和完成效果

2）设备上架。进线间/设备间自上而下安装超5类模块式配线架、理线架、110配线、理线架、光纤配线架如图4-3所示。采用与方块螺母配套的螺钉将设备拧紧即可，各种零件不得脱落和碰坏。配线间自上而下安装24口交换机、理线架、超5类固定式配线架、理线架、110配线架、理线架、光纤配线架。交换机的安装如图4-4所示，设备安装完成效果如图4-5所示。

图4-3　进线间安装

图4-4　交换机的安装

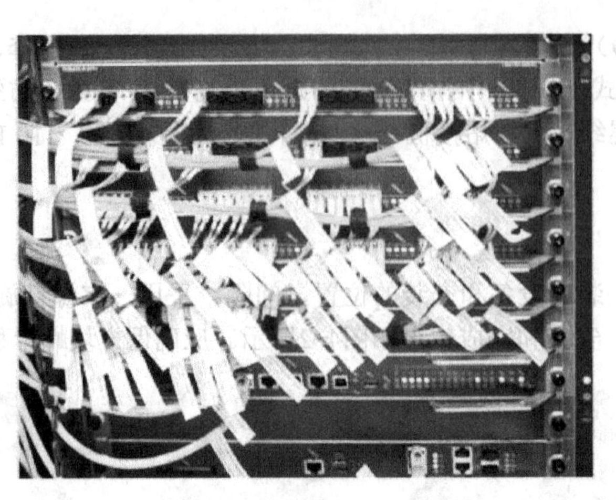

图4-5 设备安装完成效果

知识点

信息网络布线世界技能大赛评分要求：

配线架是否固定牢固（世赛评分要求）	
扣分描述	用手摇动检查配线架是否被紧固。 a）螺钉拧紧 b）配线架不歪斜 c）关上盖子 配线架由于螺钉松动、缺少螺钉等的晃动
备注	配线架的背面悬挂是可以的，因为它将被仅用一个螺钉固定在机架上。

学习任务3 线缆敷设

学习目的

熟悉综合布线系统工程施工铜缆敷设技术要求，熟悉铜缆敷设方法与步骤。

布放线缆是综合布线系统工程实质性工作，确保通信网络信息传输质量的重要环节。

链接1 线缆敷设技术要求

通信线缆均置于管、槽及支架中，布放线缆首先应对其经过的所有路由进行管/槽道检查，清除管/槽道连接处的毛刺和突出尖锐物，清洁掉管/槽道里的铁屑、小石块、水泥碴等物品，保障一条平滑畅通的管/槽道。

布放线缆过程中，应文明施工，人工牵引线缆，牵引速度要慢，不宜猛拉紧拽，以防止线缆外护套发生被磨、刮、蹭、拖等损伤。不要在布满杂物的地面大力抛摔和拖放电缆；禁止踩踏电缆；布线路由较长时，要多人配合平缓地移动，特别在转角处应安排人值守理线；线缆的布放应自然平直，不得产生扭绞、打圈、接头等现象，线缆不应受外力的挤压和损伤。

线缆布放后，为了准确核算线缆用量，充分利用线缆，对每箱线从第一次放线起，做一个放线记录表。线缆上每隔2ft有一个长度计录，一箱线长1000ft（305m）。每个信息点放线时记录开始处和结束处的长度，这样便可以对本次放线的长度和线箱中剩余线缆的长度一目了然，并能够将线箱中剩余线缆布放至合适的信息点。放线记录见表4-1。放线记录表规范的做法是采用专用的记录纸张，简单的做法是写在包装箱上。

表4-1　放线记录

线箱号码		起始长度		线缆总长度	
序号	信息点名称	起始长度	结束长度	使用长度	线箱剩余长度
	……				

一、线缆布放规范

线缆敷放于管槽虽然是按照施工图样设计进行，但施工中应遵从以下规范。

1. 双绞线电缆转弯时的弯曲半径

1）非屏蔽4对对绞电缆的弯曲半径应至少为电缆外径的4倍。

2）屏蔽4对对绞电缆的弯曲半径应至少为电缆外径的8倍。

3）主干对绞电缆的弯曲半径应至少为电缆外径的10倍。

2. 线缆与其他管线距离

1）电缆尽量远离其他管线，与电力及其他管线的距离要符合的规定见表4-2。

2）预埋线槽和暗管敷设线缆应符合下列规定：

①敷设线槽和暗管的两端宜用标识表示出编号等内容。

②预埋线槽宜采用金属线槽，预埋或密封线槽的截面利用率应为30%～50%。

③敷设暗管宜采用钢管或阻燃聚氯乙烯硬质管。布放大对数主干电缆及4芯以上光缆时，直线管道的管径利用率应为50%～60%，弯管道应为40%～50%。暗管布放4对对绞电缆或4芯及以下光缆时，管道的截面利用率应为25%～30%。

表4-2 通信管道与其他管线最小净距

其他管线类别		最小平等净距/m	最小交越净距/m
给水管	直径≤300mm	0.5	0.15
	直径300～500mm	1.0	
	直径>500mm	1.5	
排水管		1.0	0.15
热力管		1.0	0.25
煤气管	压力<294.20kPa（3kgf/cm^2）	1.0	0.30
	压力=294.20～784.55kPa（3～8kgf/cm^2）	2.0	
电力电缆	35kV以下	0.5	0.5

3. 线缆牵引与拉绳速度和拉力

用绳索牵引线缆，应慢速而又平稳的拉绳，防止线缆的缠绕或被绊。例如，双绞线电缆拉力宜按照$F=n\times50+50$（N）公式估算，式中：n为双绞线对数，N为力的国际主单位“牛顿”。拉绳力度不得超过公式估算值，否则拉力过大，会引起线缆变形，使线缆传输性能下降。

拉绳在电缆上固定的方法有拉环、牵引夹和直接将拉绳系在电缆上3种方式。

牵引线缆数量较多时，就应用一条软钢丝绳牵引；牵引线缆穿过墙壁管路、天花板和地板管路时，牵引拉绳与线缆的连接点应尽量平滑，所以要采用电工胶带紧紧地缠绕在连接点外面，以保证平滑和牢固。

二、配线电缆敷设

1. 暗道布线

依据图样设计，暗道布线是在浇筑混凝土时已把管道预埋好，管道内有牵引电缆的钢丝或铁丝，安装人员依据管道图样来了解地板的布线管道系统，确定“路径在何处”，做出施工方案。

2. 吊顶内布线

按照图样设计的布线路由，沿着所设计的路由打开天花板，用双手推开每块镶板，多条4对双绞线电缆很重，为了减轻压在吊顶上的压力，可使用J形钩、吊索及其他支撑物来支撑，然后加标注，在箱上写标注，在电缆的末端注上标号，最后将电缆从离管理间最远的一端开始一直拉到管理间。

3. 墙壁线槽布线

1）墙壁线槽布线明敷，路由一目了然，施工严格按照图样设计进行。

2）在墙壁上布设线槽一般遵循下列步骤：确定布线路由，沿着路由方向放线（讲究直线美观），线槽每隔1m要安装固定螺钉，然后开始布线（布线时线槽容量为70%），最后盖塑料槽盖，注意应错位盖。

三、干线电缆敷设

建筑物主干电缆目前大多为光缆，如果是双绞线铜缆，对于语音系统，一般是25对、50对或是更大对数的双绞线，它的布线路由在楼栋设备间与楼层电信间之间。

1）在新的建筑物中，通常在每一层同一位置都有封闭型的小房间，称为弱电井（弱电间）。在弱电间有一些方形的槽孔和较小套筒圆孔，这些孔从建筑物最高层直通地下室，用来敷设主干线缆。需要注意的是，若利用这样的弱电竖井敷设线缆，必须对线缆进行固定保护，楼层之间要采取防火措施。

对没有竖井的旧式大楼进行综合布线一般是重新敷设金属线槽作为竖井。

2）在竖井中敷设干线电缆两种方法。

①向下垂放电缆。

②向上牵引电缆。

向下垂放比向上牵引容易，当电缆盘比较容易搬运上楼时，采用向下垂放电缆；当电缆盘过大，导致电缆不可能搬运至较高楼层时，只能采用向上牵引电缆。

3）双绞线连接。

①线缆在连接前，必须核对线缆标识内容是否正确。

②线缆中间不应有接头。

③线缆终接处必须牢固、接触良好。

④对绞电缆与连接器件连接应认准线号、线位色标，不得颠倒和错接。

⑤连接时，每对对绞线应保持扭绞状态，线缆剥除外护套长度够端接即可，最大暴露双绞线长度为40～50mm，扭绞松开长度对于3类电缆不应大于75mm；对于5类电缆不应大于13mm；对于6类电缆应尽量保持扭绞状态，减小扭绞松开长度；7类布线系统采用非RJ—45方式连接时，连接图应符合相关标准规定。

⑥虽然线缆路由中允许转弯，但端接安装中要尽量避免不必要的转弯，绝大多数的安装要求少于3个90°转弯，在一个信息插座盒中允许有少数线缆的转弯及短的（30cm）盘圈。安装时要避免下列情况：避免弯曲超过90°，避免过紧地缠绕线缆，避免损伤线缆的外皮，剥去外皮时避免伤及双绞线绝缘层。

⑦线缆剥掉塑料外套后，线缆终端连接方法应采用卡接方式，施工中不宜用力过猛，以免造成接续模块受损。连接顺序应按线缆的统一色标排列，在模块中连接后的多余线头必须清除干净，以免留有后患。

⑧通信引出端内部连接件及时进行检查，做好固定线的连接，以保证电气连接的完整牢靠。

⑨线对屏蔽和电缆护套屏蔽层在和模块的屏蔽罩进行连接时，应保证360°的接触，而且接触长度不应小于10mm，以保证屏蔽层的导通性能。电缆连接以后应将电缆进行整理，并核对接线是否正确，对不同的屏蔽对绞线或屏蔽电缆，屏蔽层应采用不同的端接方法，应对编织层或金属箔与汇流导线进行有效的端接。

⑩ 各种线缆（包括跳线）和接插件间必须接触良好、连接正确，按照管理标识方案统

一标清楚。跳线选用的类型和品种均应符合系统设计要求。

链接2 配线架与线缆端接

扫码看视频

大家知道，配线间的数据配线架和网络交换设备一般都安装在同一个机柜中。线缆一般从机柜的底部进入，所以通常配线架安装在机柜下部，交换机安装在机柜上部，也可根据进线方式做出调整。

为了美观和管理方便，机柜正面配线架之间和交换机之间要安装理线架，跳线从配线架面板的RJ—45端口接出后通过理线架从机柜两侧进入交换机间的理线架，再接入交换机端口。

对于要端接的线缆，先以配线架为单位，在机柜内部进行整理，用扎带绑扎，将冗余的线缆盘放在机柜的底部后再进行端接，使机柜内整齐美观、便于管理和使用。

将配线架固定到机柜合适位置，在配线架背面安装理线环，从机柜进线处开始整理电缆，将电缆沿机柜两侧整理至理线环处，使用绑扎带固定好电缆，一般6根电缆作为一组进行绑扎，将电缆穿过理线环摆放至配线架处。

根据每根电缆连接接口的位置，测量端接电缆应预留的长度，然后使用压线钳、剪刀、斜口钳等工具剪断电缆。

根据选定的接线标准，将T568A或T568B标签压入模块组插槽内；根据标签色标排列顺序，将对应颜色的线对逐一压入槽内，然后使用打线工具固定线对连接，同时将伸出槽位外多余的导线截断。

将每组线缆压入槽位内，然后整理并绑扎固定线缆。Vcom 110D语音配线架如图4-6所示。

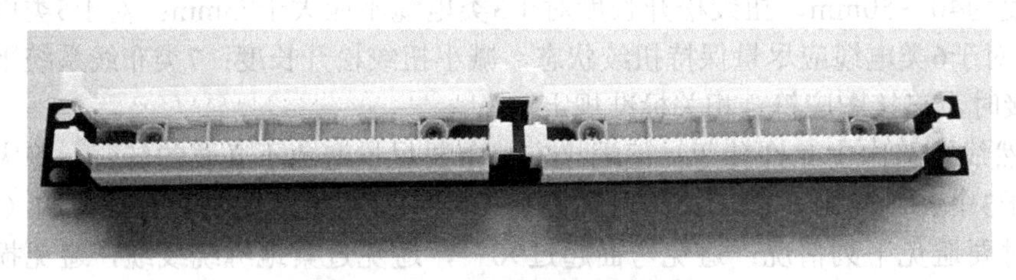

图4-6 Vcom 110D语音配线架

练习 110D语音配线架安装与25对双绞线电缆端接

按下面步骤进行110D语音配线架安装与25对双绞线电缆端接训练。

1）将配线架固定到机柜设计位置，按步骤完成线缆进线、剥护套工作。

2）从机柜进线处开始整理电缆，电缆沿机柜两侧整理至配线架处，并留出大约250mm的大对数电缆，用电工刀或剪刀把大对数电缆的外皮剥去，使用绑扎带固定好，将电缆穿过110语音配线架左右两侧的进线孔，摆放至配线架打线处。

3）把所有线对插入110配线架进线口，按大对数色谱排列分开线对，根据电缆色谱排列顺序，将对应颜色的线对逐一压入槽内，然后使用打线工具固定线对连接，同时将伸出槽位外多余的导线截断。

4）用打线工具将已入位的25对线顺序打接牢固。

5）准备好5对打线刀和110配线架端子，把端子放入打线刀里。

6）用5对打线刀将端子压入槽内，并贴上编号标签。

7）把端子垂直打入配线架线槽，25对110配线架端子有6个（5个4对，1个5对），把6个端子打完后即完成了25对的端接。

8）安装语音跳线，接通语音链路观察效果。

学习任务4 光缆敷设

学习目的

了解综合布线系统工程施工光缆敷设技术要求，熟悉光缆敷设方法与步骤。

链接1 光缆敷设技术

一、光缆敷设前的准备

1. 光缆检验

1）工程所用的光缆规格、型号、数量应符合设计的规定和合同要求。

2）光纤所附标记、标签内容应齐全和清晰。

3）光缆外护套需完整无损，光缆应有出厂质量检验合格证。

4）光缆开盘后应先检查光缆端头封装是否良好。光缆外包装或光缆护套如有损伤，则应对该盘光缆进行光纤性能指标测试，如有断纤，应进行处理，待检查合格才允许使用。光纤检测完毕，光缆端头应密封固定，恢复外包装。

2. 光纤跳线检验

光纤跳线检验应符合下列规定：两端的光纤连接器端面应装配有合适的保护盖帽；每根光纤接插线的光纤类型应有明显的标记，应符合设计要求。

光纤衰减常数和光纤长度检验。衰减测试时可先用光时域反射仪进行测试，测试结果若超出标准或与出厂测试数据相差较大，则再用光功率计测试，并将两种测试结果加以比较，排除测试误差对实际测试结果的影响。另外，还要求对每根光纤进行长度测试，测试结果应与盘标长度一致，如果差别较大，则应从另一端进行测试或做通光检查，以判定是否有断纤现象。

二、光缆敷设要求

1）由于光纤的纤芯是石英玻璃，而且光纤是光传输的介质，因此光缆比双绞线有更高的弯曲半径要求，2芯或4芯水平光缆的弯曲半径应大于25mm；其他芯数的水平光缆、主干光缆和室外光缆的弯曲半径应至少为光缆外径的10倍。

2）光纤的抗拉强度比电缆小，因此在操作光缆时，不允许超过各种类型光缆的抗拉强度。敷设光缆的牵引力一般应小于光缆允许张力的80%，对光缆瞬间最大牵引力不能超过允许张力。为了满足对弯曲半径和抗拉强度的要求，在施工中应使光缆卷轴转动，以便拉出光缆。放线应从卷轴的顶部去牵引光缆，而且须缓慢而平稳地牵引，而不是急促地抽拉光缆。

3）涂有塑料涂覆层的光纤细如毛发，而且光纤表面的微小伤痕都将使耐张力显著地恶化。另外，当光纤受到不均匀侧面压力时，光纤损耗将明显增大，因此，敷设时应控制光缆的敷设张力，避免使光纤受到过度的外力（弯曲、侧压、牵拉、冲击等）。在光缆敷设施工中，严禁光缆打小圈及弯折、扭曲，光缆施工宜采用“前走后跟，光缆上肩”的放缆方法，能够有效地防止打背扣的发生。

4）光缆布放应有冗余，光缆布放路由宜盘留（过线井处），预留长度宜为3～5m；在设备间和电信间，多余光缆盘成圈来存放，光缆盘曲的弯曲半径也应至少为光缆外径的10倍，预留长度宜为3～5m，有特殊要求的应按设计要求预留长度。

5）敷设光缆的两端应贴上标签，以表明起始位置和终端位置。

6）光缆与建筑物内其他管线应保持一定间距，最小净距符合表4-3的规定。

表4-3　光缆与建筑物内其他管线最小净距离

管线种类	平行净距/mm	垂直交叉净距/mm
避雷引下线	1000	300
保护地线	50	20
热力管（不包封）	500	500
热力管（包封）	300	300
给水管	150	20
煤气管	300	20
压缩空气管	150	20

7）必须在施工前对光缆的端别予以判定并确定A、B端，A端应是网络枢纽的方向，B端是用户一侧，敷设光缆的端别应方向一致，不得使端别排列混乱。

8）光缆不论在建筑物内和建筑群间敷设，都应单独占用管道管孔，如利用原有管道和铜芯导线电缆共管时，应在管孔中穿放塑料子管，塑料子管的内径应为光缆外径的1.5倍以上。在建筑物内光缆与其他弱电系统平行敷设时，应有间距分开敷设，并固定绑扎。当4芯光缆在建筑物内采用暗管敷设时，管道的截面利用率应为25%～30%。敷设光缆前，应逐段将管孔清刷干净和试通。当穿放塑料子管时，其敷设方法与铜缆敷设基本相同。如果采用多孔塑料管，可免去对子管的敷设要求。

光缆采用人工牵引布放时，每个人孔或手孔应有人值守帮助牵引。人工牵引应使用玻璃纤维穿线器；机械布放光缆时，无需每个孔均有人，但在拐弯处应有专人照看。

光缆一次牵引长度一般不应大于1000m。超长距离时，应将光缆盘成倒8字形分段牵引或在中间适当地点增加辅助牵引，以减少光缆张力和提高施工效率。

为了在牵引过程中保护光缆外护套等不受损伤，在光缆穿入管孔或管道拐弯处与其他障碍物有交叉时，应采用导引装置或喇叭口保护管等保护。此外，根据需要可在光缆四周加涂中性润滑剂等材料，以减少牵引光缆时的摩擦阻力。

光缆敷设后，应逐个在人孔或手孔中将光缆放置在规定的托板上，并应留有适当余量，避免光缆过于绷紧。人孔或手孔中光缆需要接续时，其预留长度应符合表4-4所列的规定。在设计中如有要求做特殊预留长度的，应按规定位置妥善放置（例如预留光缆是为将来引入新建的建筑）。

表4-4　光缆敷设余量规定

<table>
<tr><th>光缆敷设方式</th><th>自然弯曲增加长度/m/km</th><th>人（手）孔内弯曲增加长度/[m/（人）孔]</th><th>接续每侧预留长度/m</th><th>设备每侧预留长度/m</th><th>备注</th></tr>
<tr><td>管道</td><td>5</td><td>0.5～1.0</td><td rowspan="2">一般为6～8</td><td rowspan="2">一般为10～20</td><td rowspan="2">其他预留按设计要求，管道或直埋光缆需引上架空时，其引上地面部分每处增加6～8m</td></tr>
<tr><td>直埋</td><td>7</td><td></td></tr>
</table>

三、光缆敷设其他要求

1）光缆管道中间的管孔不得有接头。要求光缆弯曲放置在光缆托板上固定绑扎，不得从人孔中间直接通过，否则既影响今后施工和维护，又会增加光缆损害的可能性。

2）光缆与其接头在人孔或手孔中，均应放在人孔或手孔铁架的电缆托板上予以固定绑扎，并应按设计要求采取保护措施。保护材料可以采用蛇形软管或软塑料管等管材。

3）光缆在人孔或手孔中应注意以下几点：光缆穿放的管孔出口端应封堵严密，以防水分或杂物进入管内；光缆及其接续应有标识，内容有编号、光缆型号和规格等；在严寒地区应按设计要求采取防冻措施，以防光缆受冻损伤；如光缆有可能被碰损伤时，可在其上面或周围采取保护措施。

四、光纤连接方式

光纤连接有接续和端接两种方式。

1）光纤接续是指两段光纤之间的永久连接。光纤接续分为机械接续和熔接两种方式。

机械接续，是把两根切割清洗后的光纤通过机械连接部件结合在一起，机械接续部件通常叫连接器或耦合器，是一个把两根光纤集中并接续在一起的设备。机械接续可以进行调谐以减少两条光纤间的连接损耗。

光纤熔接是在高压电弧下把两根切割清洗后的光纤连接在一起，即将两光纤的接头熔化后接为一体。光纤熔接机是专门用于光纤熔接的工具。目前工程中主要采用操作方便、接续损耗低的熔接连接方式。

2）光纤端接是把光纤连接器与一根光纤接续然后将端头磨光的过程。光纤端接磨光操作正确，以减少连接损耗。

光纤端接主要用于制作光纤跳线和光纤尾纤，目前市场上端接各种类型连接器的光纤跳线和尾纤的成品种类繁多，所以现在综合布线工程中普遍选用光纤跳线和尾纤成品，而很少进行现场光纤端接。

光纤连接器互连是将两条半固定的光纤（尾纤）通过其上的连接器与此模块嵌板（光纤配线架、光纤插座）上的耦合器互连起来。做法是将两条半固定光纤上的连接器从嵌板的两边插入其耦合器中。对于互连结构来说，光纤连接器的互连是将一条半固定光纤上的连接器插入嵌板上耦合器的一端；此耦合器的另一端插入光纤跳线的连接器；然后，将光纤跳线另一端的连接器插入网络设备中。

例如，楼层配线间光纤互连结构如下：进入的垂直主干光缆与光纤尾纤熔接于光纤配线架内—光纤尾纤连接器插入光纤配线架面板上耦合器的内侧端—光纤跳线插入光纤配线架面板上耦合器的外侧一端—光纤跳线另一端插入网络交换设备的光纤接口。

也可将连接器互连称为光纤端接。

五、光纤接续安全要求

1. 安全操作规程

参加光缆施工的人员必须经过专业培训。

折断的光纤碎屑实际上是很细小的玻璃针形光纤，容易划破衣服和皮肤，刺入皮肤后，会使人感到相当的疼痛。如果该碎片被吸入人体内，也会对人体造成较大的危害。因此，制作光纤终端接头或使用裸光纤的技术人员必须戴上眼镜和手套，穿上工作服。在可能存在裸光纤的工作区内应该坚持反复清扫，确保没有任何裸光纤碎屑。另外，应该用瓶子或其他容器装光纤碎屑，确保这些碎屑不会遗漏，以免造成伤害。

不允许观看已通电的光源、光纤及其连接器，更不允许用光学仪器观看已通电的光纤传输器件。只有在断开所有光源的情况下，才能对光纤传输系统进行维护操作。特别是当系统采用激光作为光源时，光纤连接不好或断裂会使人受到光波辐射，因此操作人员应佩带具有红外滤波功能的保护眼镜。

离开工作区之前，所有接触过裸光纤的工作人员必须立即洗手并且仔细检查身体每一部位以及衣服上是否有光纤碎屑。

2. 光纤接续技术要求

光缆终端接头或设备的布置应合理有序，安装位置需安全稳定，其附近不应有可能损害它的外界设施，例如，热源和易燃物质等。

从光纤终端接头引出的尾纤或单芯光缆的光纤所带的连接器应按设计要求插入光纤配线架上的连接部件中。暂时不用的连接器可不插接，但应套上塑料帽，以保证其不受污染，便于今后连接。

在机架或设备（如光纤接头盒）内，应对光纤和光纤接头加以保护，光纤盘绕方向要一致，要有足够的空间和符合规定的曲率半径。

光缆中的金属屏蔽层、金属加强芯和金属铠装层均应按设计要求，采取终端连接和接地，并要求检查和测试其是否符合标准规定，如有问题必须补救纠正。

光缆传输系统中的光纤连接器在插入适配器或耦合器前，应用丙醇酒精棉签擦拭连接器插头和适配器内部，清洁干净后才能插接，插接必须紧密、牢固可靠。

光纤终端连接处均应设有醒目标识，其内容应正确无误、清楚完整（如光纤序号和用途等）。

链接2 光纤端接极性

光纤传输通道包括两根光纤，一根为接收信号，另一根为发送信号，即光信号只能单向传输。如果收对收、发对发，光纤传输系统不能工作。因此光纤工作前，应先确定信号在光纤中的传输方向，即所谓的光纤接续极性。

ST型通过烦冗的编号方式来保证光纤极性，SC型为双工接头，在施工中“对号入座”就完全解决了极性这个问题。

综合布线系统采用的光纤连接器配有单工和双工光纤软线。建议在水平光缆或干线光缆连接处的光缆侧采用单工光纤连接器，在用户侧采用双工光纤连接器，以保证光纤连接的极性正确。

光纤信息插座的极性可通过锁定插座来确定，也可用耦合器A位置和B位置的标记来确定，还可用线缆来延伸这一极性。这些光纤连接器及标记可用于所有非永久的光纤交叉连接场合。

应用系统的设备安装完成后，则其极性就已确定，光纤传输系统就会保证发送信号和接收信号的正确性。

1. 双工光纤连接器——极性

用双工光纤连接器（SC）时，需用键锁扣定义极性，如图4-7所示为双工光纤连接器与耦合器连接的配置，应有它们自己的键锁扣。

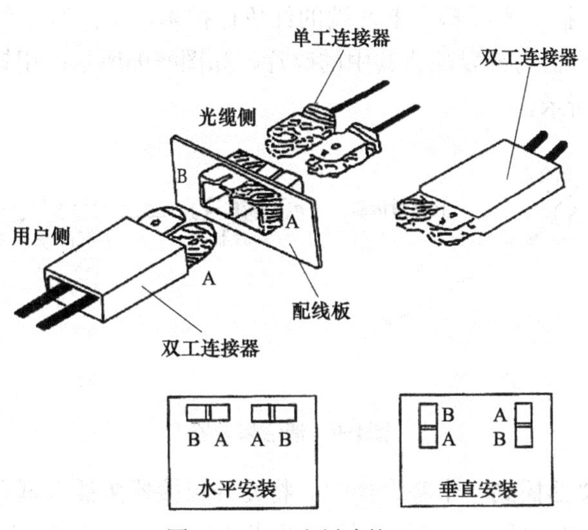

图4-7 双工光纤连接器

2. 单工光纤连接器——极性

当用单工光纤连接器（BFOC/2.5）时，应对连接器做标记，表明它们的极性。如图4-8

所示为单工光纤连接器与耦合器连接的配置及极性标记。

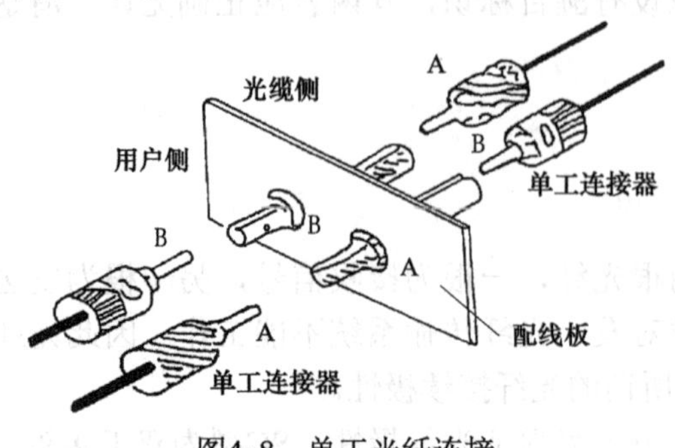

图4-8　单工光纤连接

3. 单工、双工光纤连接器混合互连——极性

对微型光纤连接器来说，比如LC型、FJ型、MT—RJ型以及VF45型连接器，它是一对光纤一起连接而且接插的方向是固定的，在实际使用中比较方便，也不会误插。

链接3　光纤与耦合器接续

常见的光纤连接器有ST型和SC型，ST型是圆头的，SC型是方头的，其他还有FC型、LC型、FJ型、MT—RJ型以及VF45型微型光纤连接器。

光纤连接器的组装（以ST为例）

1）清洁ST连接器，拿下ST连接器头上的黑色保护帽，用沾有光纤清洁剂的棉花签轻轻擦拭连接器头。

2）清洁耦合器，摘下光纤耦合器两端的红色保护帽，用蘸有光纤清洁剂的杆状清洁器穿过耦合器孔擦拭耦合器内部以除去其中的碎片，如图4-9a所示；用罐装气，吹去耦合器内部的灰尘，如图4-9b所示。

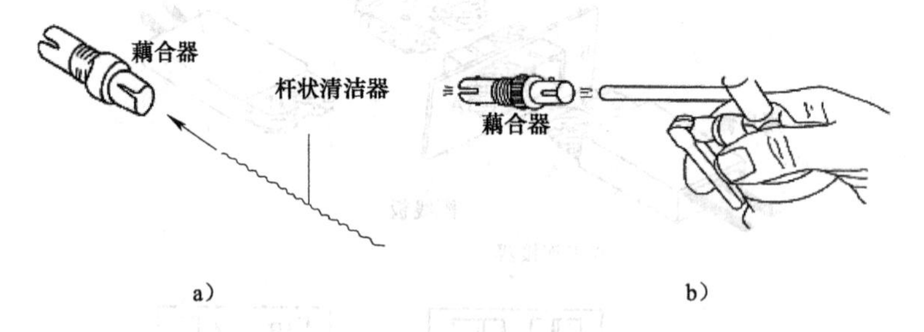

图4-9　清洁耦合器

3）将ST光纤连接器插到一个耦合器中。将光纤连接器头插入耦合器的一端，耦合器上的突起对准连接器槽口，插入后扭转连接器以使其锁定。如经测试发现光能量耗损较高，则需摘下连接器并用罐装气重新清洁耦合器，然后再插入ST光纤连接器。在耦合器的两端插入ST光纤连接器，并确保两个连接器的端面在耦合器中接触。

4）重复以上步骤，直到所有的ST光纤连接器都插入耦合器为止。

注意：若一次来不及装上所有的ST光纤连接器，则连接器头要盖上黑色保护帽，而耦合器空白端或未连接的一端（另一端已插上连接头）要盖上红色保护帽。

扫码看视频

链接4　光纤熔接技术

一、光纤熔接

光纤熔接是目前普遍采用的光纤接续方法，光纤熔接机通过高压放电将接续光纤端面熔融后，将两根光纤连接到一起成为一段完整的光纤。

这种方法接续损耗小（一般小于0.1dB），而且可靠性高。熔接连接光纤不会产生缝隙，因而不会引入反射损耗，入射损耗也很小，在0.01～0.15dB之间。

在进行光纤熔接前要把涂敷层剥离。机械接头本身是保护连接的光纤护套，但熔接在连接处却没有任何的保护。因此，熔接光纤机采用涂敷器来重新涂敷熔接区域和使用熔接保护套管两种方式来保护光纤。

目前，光纤熔接普遍采用熔接保护套管的方式，保护套管又叫热缩管，套在光纤接续熔结点区段，然后对它们进行加热，套管内管是由热缩材料制成的，热缩后能牢固地保护熔结点区段。

二、熔接步骤

光纤熔接必须备有熔接机、光缆开缆及光纤剥线钳工具，另外还须备有精密光纤切割刀、医用棉花、卫生纸、酒精等。

首先取出熔接机，检查机器配件、电源等，打开熔接机电源，选择熔接程式，清除熔接机中灰尘（夹具、压板、V形槽）通常选择自动熔接程式，做好熔接机投入使用前的所有准备工作，同时做放电实验——设备使用前应在熔接环境中放置至少15min，特别是在放置与使用环境（气压、温度、湿度）差别较大的地方。

其次将接续光缆与目标光缆分别穿过光纤盘纤盒或光纤配线架。

芯数相等时同管束内的对应光纤颜色一一对接，芯数不相等则按芯数从大到小的顺序对相同颜色对接。

光纤熔接可按照（剥、洁、切、熔、盘、测、封）具体程式顺次进行。

1）剥，开剥光缆（开缆），去除光纤涂覆层，注意不伤及束管。

2）洁，洁净光纤，用无尘纸或布（棉）将开缆后所有光纤的油膏擦干净，分别将不同束管须接续的光纤按色序分开。

3）切，切割光纤断面，用专用剥线钳剥除涂覆层，并用清洁棉或无尘纸（布）蘸酒精擦净裸纤。

应在切割前将裸纤穿入热缩套管，及时清洁切刀“V”形槽、压板、切削刃。裸纤的清洁、切割和熔接的时间应紧密衔接。

4）熔，放置光纤，将光纤置入熔接机一侧V形槽中，接续目标光纤重复第3）步，同样置入熔接机V形槽中另一侧，接续光纤与目标光纤，都要根据切割长度合理确定其在压板中位置，均通过V形槽在熔接机两电极之间对准；小心压上光纤压板，盖上防风罩，熔接机即自动完成熔接。熔接完成后，打开防风罩，取出光纤，再将热缩管轻移至光纤接续熔结点区段，放到加热槽中加热，20mm热缩管加热40s，40～60mm热缩管则加热85s。

及时清洁熔接机V形槽、电极、物镜、熔接室等，随时观察熔接过程中有无气泡、过细、过粗、虚熔、分离等不良现象。

5）盘，盘纤，所有光纤熔接好后，在盘纤接续盒或配线架上固定热缩管保护部分，然后根据光纤长度及预留盘大小将熔接的光纤灵活采用“圆、椭圆、∞”等形式，先中间后两边，即先将热缩后的套管逐个放置于固定槽中，然后处理两侧余纤，并固定已盘好的光纤。盘纤效果如图4-10所示。

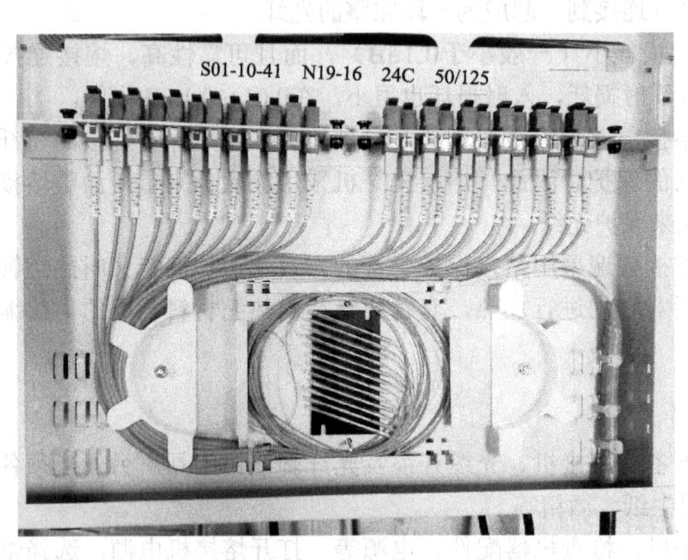

图4-10 盘纤效果

6）测，测试熔接点损耗，可采用专业测试仪器进行检测。

7）封，封盒，完成光纤接续盒的封装并固定。

三、光纤熔接注意事项

开缆就是剥离光纤的外护套、缓冲管。

光纤在熔接前必须去除涂覆层，为提高光纤成缆时的抗张力，光纤有两层涂覆。由于不能损坏光纤，所以剥离涂覆层是一个非常精密的程序，应使用专用剥离钳，不得使用刀片等简易工具，以防损伤纤芯。另外，还要特别小心，不要损坏其他部位的涂覆层，以防在熔接盒内盘绕光纤时折断纤芯。

光纤的末端需要进行切割，要用专业的工具切割光纤以使末端表面平整、清洁，并使之与光纤的中心线垂直。切割对于接续质量十分重要，它可以减少连接损耗。任何未正确处理的表面都会由于末端的分离而引起额外损耗。

光纤熔接损耗的主要影响因素

1）光纤本征因素即光纤自身因素，如待连接的两根光纤的几何尺寸不一样，不是同心圆、不规整、相对折射率不同等。

2）光纤施工质量，由于光纤在敷设过程中的拉伸变形，接续盒中夹固光纤压力太大等原因造成接续点附近光纤物理变形。

3）操作技术不当，由于熔接人员操作水平、操作步骤、盘纤工艺水平等原因；或由于熔接机中电极清洁程度、熔接参数设置等原因；或由于工作环境清洁程度原因导致光纤端面平整度差和端面分离、出现轴心错位和轴心倾斜等使连接光纤的位置不准；熔接机本身质量问题等，见表4-4所列。

4）统一光纤材料，保障光缆敷设质量，保持安装现场清洁环境，严格遵守操作规程和质量要求，选用精度高的光纤端面切割器加工光纤端面，正确使用熔接机等等，都是提高光纤熔接质量的措施。

光纤熔接时熔接机的异常信息和不良接续结果见表4-4。

表4-4 光纤熔接时熔接机的异常信息和不良接续结果

信　息	原　因	提　示
设定异常	光纤在V形槽中伸出太长	参照防风罩内侧的标记，重新放置光纤在合适的位置
	切割长度太长	重新剥除、清洁、切割和放置光纤
	镜头或反光镜脏	清洁镜头、升降镜和防风罩反光镜
光纤不清洁或者镜不清洁	光纤表面、镜头或反光镜脏	重新删除、清洁、切割和放置光纤清洁镜头、升降镜和风罩反光镜
	清洁放电功能关闭时间太短	如必要时增加清洁放电时间
光纤端面质量差	切割角度大于门限值	重新删除、清洁、切割和放置光纤，如仍发生切割不良、确认切割刀的状态
超出行程	切割长度太短	重新剥除、清洁、切割和放置光纤
	切割放置位置错误	重新放置光纤在合适的位置
	V形槽脏	清洁V形槽
气泡	光纤端面切割不良	重新制备光纤或检查光纤切割刀
	光纤端面脏	重新制备光纤端面
	光纤端面边缘破裂	重新制备光纤端面或检查光纤切割刀
	预熔时间短	调整预熔时间
太细	锥形功能打开	确保“锥形熔接”功能关闭
	光纤送入量不足	执行“光纤送入量检查”指令
	放电强度太强	如不用自动模式时，减小放电强度
太粗	光纤送入量过大	执行光纤送入量检查指令

知识点

信息网络布线世界技能大赛评分要求:

光缆安装方法	
描述	检查下述方法是否是按照安装手册进行的安装 a）正确进入位置 b）光缆用2个缆线束带紧固 c）加强芯穿在加强芯夹具中，并用圆头扳手紧固 d）缆线夹具工作台末端和光缆末端绑在一起 e）使用左/右光缆固定装置 f）光缆外护套末端被正确处理 g）光缆外护套剥除长度>1500mm h）加强芯长度>50mm i）50mm<松套管长度<70mm

光纤存放方法正确	
描述	检查存放方法是否正确 a）熔接点托盘使用顺序是从下到上 b）每个托盘都被完全固定 c）正确的光纤整理 d）在光纤和跳线交叉的情况下，光纤在上面 ➢ 当接续未用光纤时能取出 e）在托盘外面以“S”形存放光纤 ➢ 无法以正确的弯曲半径存放在托盘内 f）检查光纤是否有扭曲 ➢ 如果光纤是散乱的，则会产生扭曲
实例	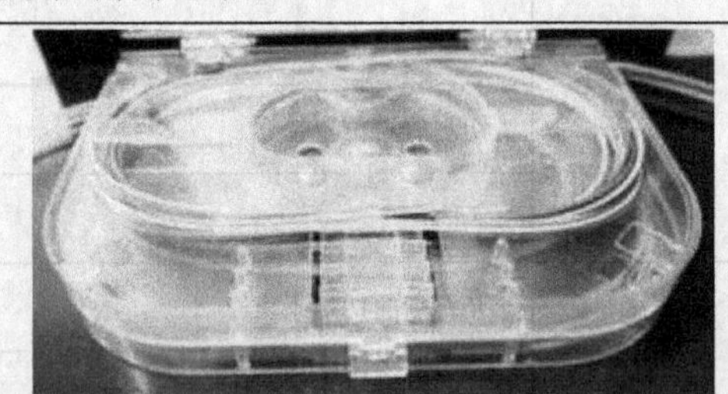 光纤在托盘中的存放顺序应从上到下，否则，不便于后期维护 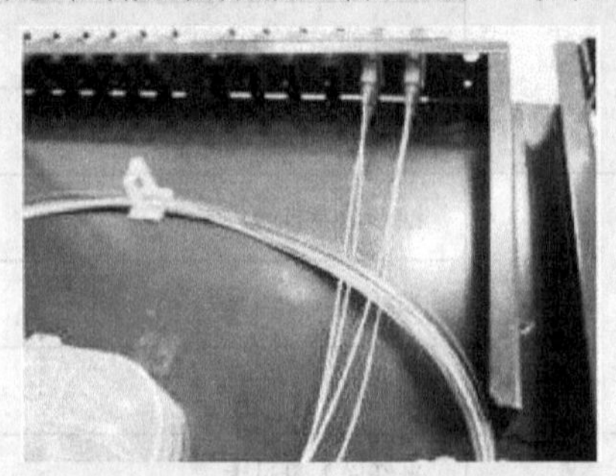 尾纤在光纤配线架中应该存放在裸纤的上面，上图为裸纤压在尾纤上，不便于后期维护

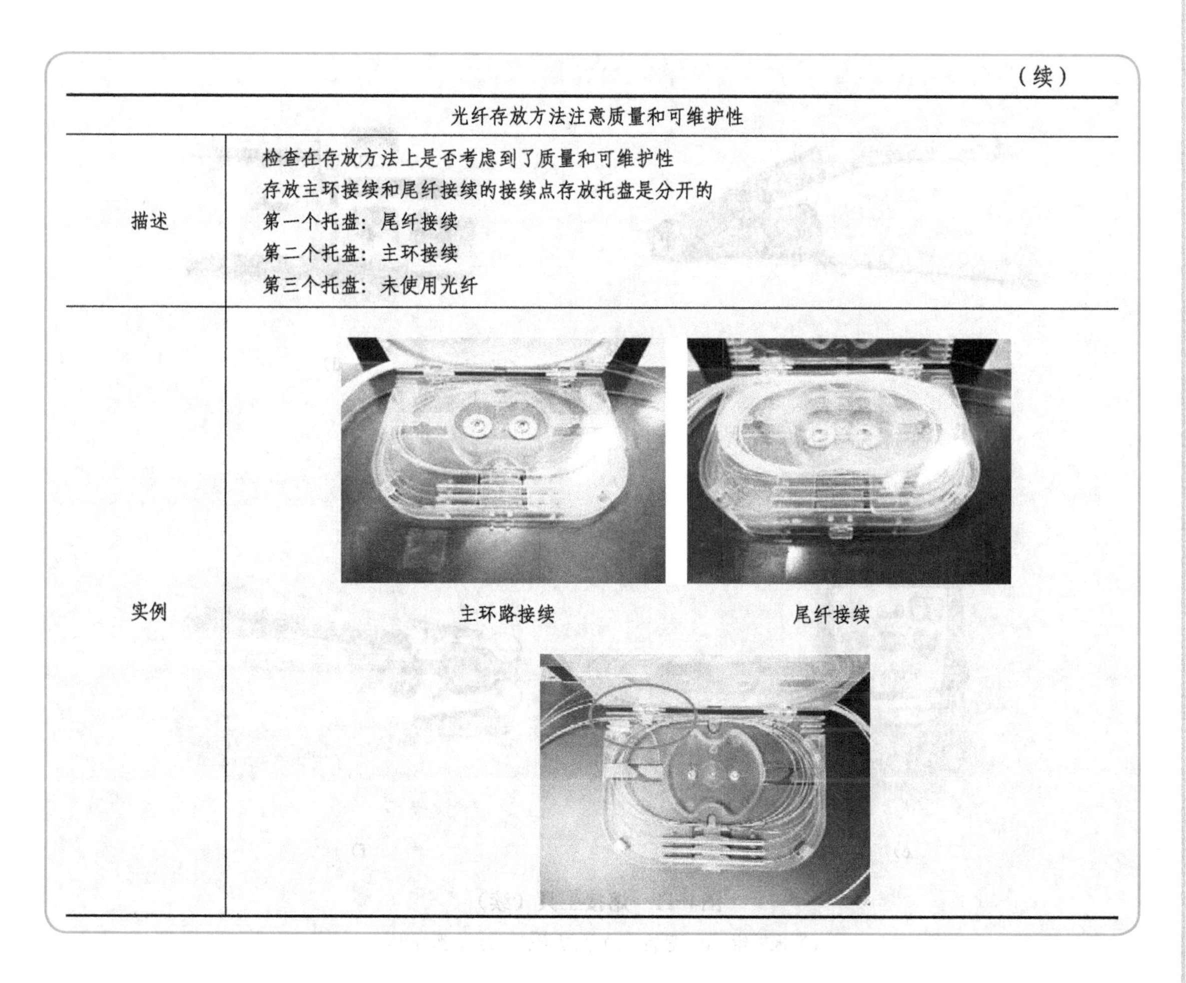

（续）

光纤存放方法注意质量和可维护性	
描述	检查在存放方法上是否考虑到了质量和可维护性 存放主环接续和尾纤接续的接续点存放托盘是分开的 第一个托盘：尾纤接续 第二个托盘：主环接续 第三个托盘：未使用光纤
实例	主环路接续　　尾纤接续

练习　光纤热接续——熔接

进程一　熔接工具、材料准备

施工工具：光纤熔接机、光纤切割刀、米勒钳、钢丝钳、尖嘴钳、螺钉旋具、松套剥除器、涂敷层剥除器、内六角扳手、导轨、光功率计、光缆开剥钳等，如图4-11所示。

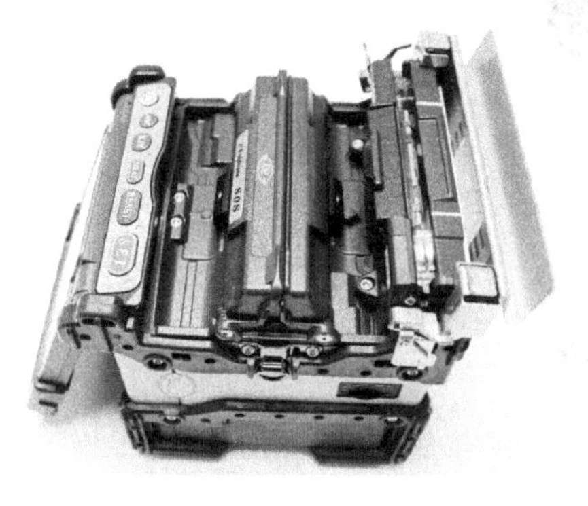

a）

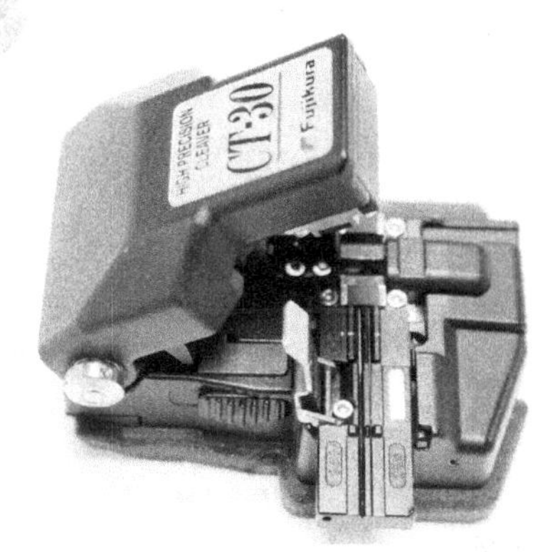

b）

图4-11　熔接工具

a）光纤熔接机　b）光纤切割刀

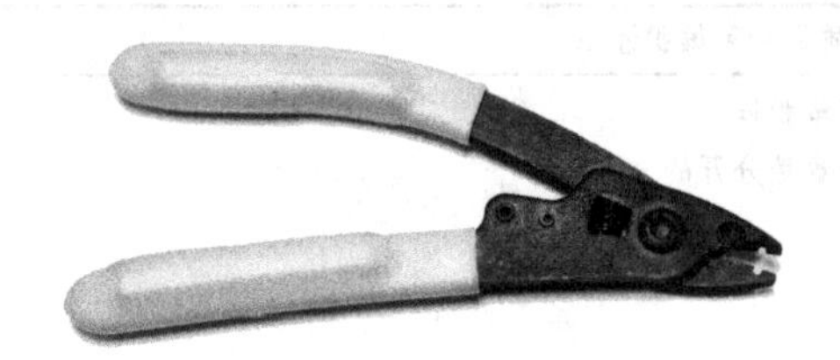

c）

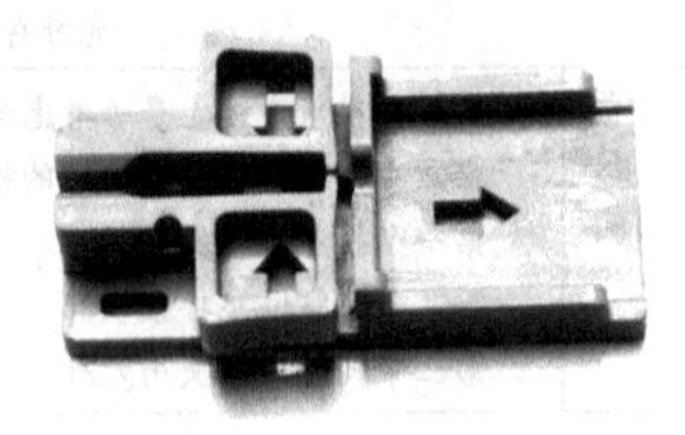

d）

e）

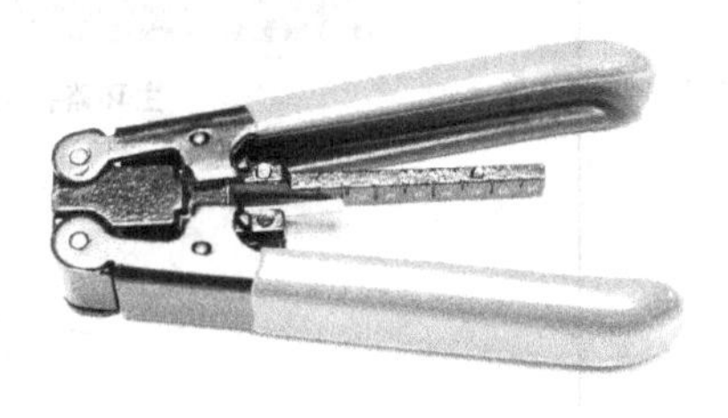

f）

图4-11　熔接工具（续）

c）米勒钳　d）导轨　e）光功率计　f）光缆开剥钳

施工耗材：酒精、医用棉、清洁纸、接头盒等，如图4-12所示。

图4-12　酒精

进程二　光纤熔接

熔接步骤：

1）使用米勒钳去掉尾纤保护套（长度为300mm左右），如图4-13所示。

2）剥好后的尾纤如图4-14所示。

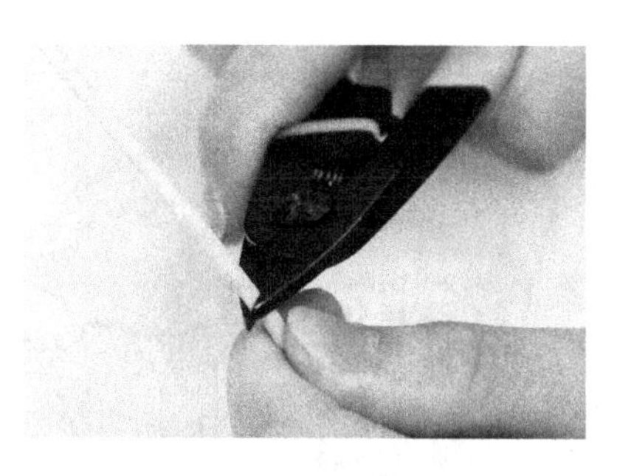

图4-13　去除光缆外护套

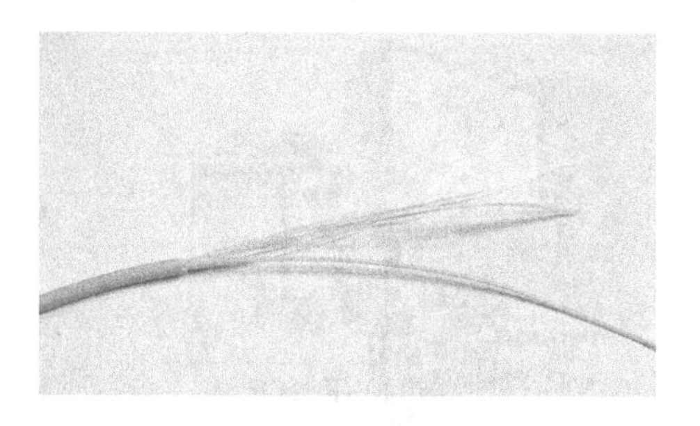

图4-14　去除外护套的光纤

3）剪去尾纤上的保护绳，如图4-15所示。

4）剥除光纤的内保护套（长度为25mm左右）如图4-16所示。

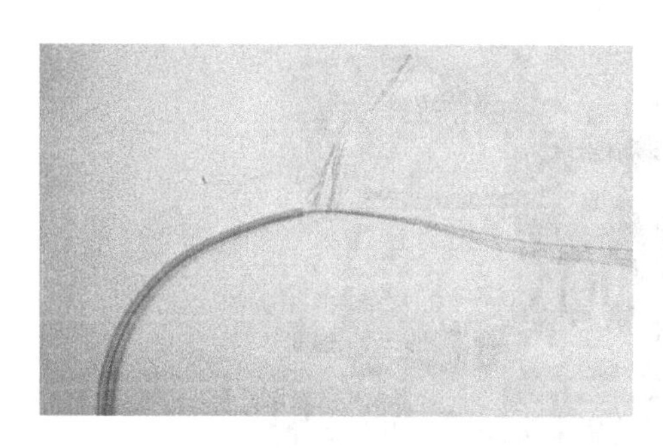

图4-15　用剪刀去除尾纤上保护色

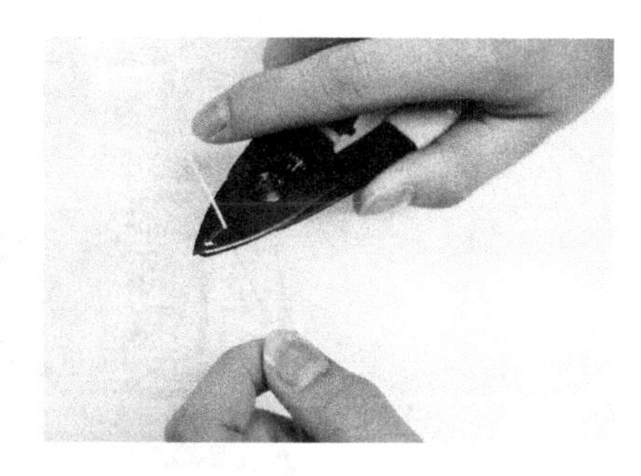

图4-16　去除内保护套

5）剥除光纤涂覆层（长度为20mm左右）。

6）使用酒精棉球擦拭光纤，如图4-17所示。

7）切割刀回刀如图4-18所示。

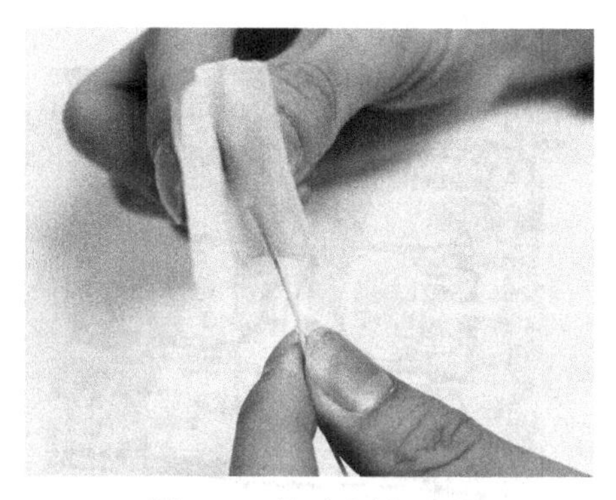

图4-17　擦试光纤

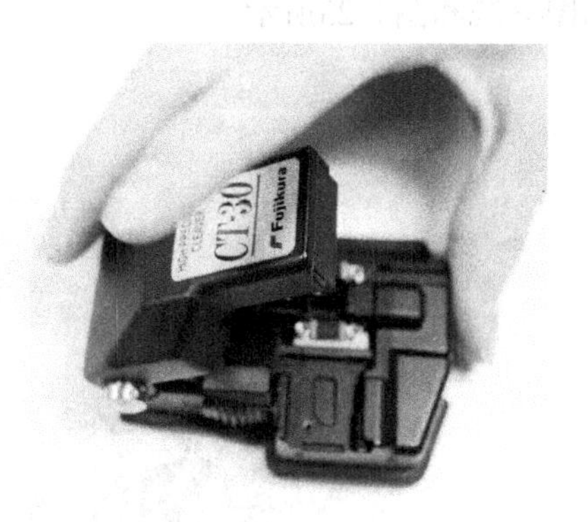

图4-18　切削刀回刀

8）按照涂覆层与裸线位置在切割刀160～200mm处放置光纤，如图4-19所示。

9）用大拇指按回切割刀，完成光纤切割，如图4-20所示（思考问题：切割光纤的目的是什么）。

10）将切割好的光纤放入光纤熔接机，注意放置时，裸线的头部不能接触或者碰到光纤熔接机的其他部位，防止切割好的光纤受损，如图4-21所示。

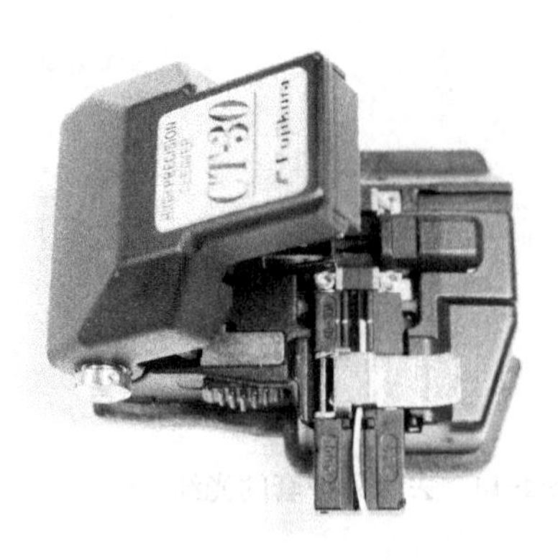

图4-19　尾纤固定

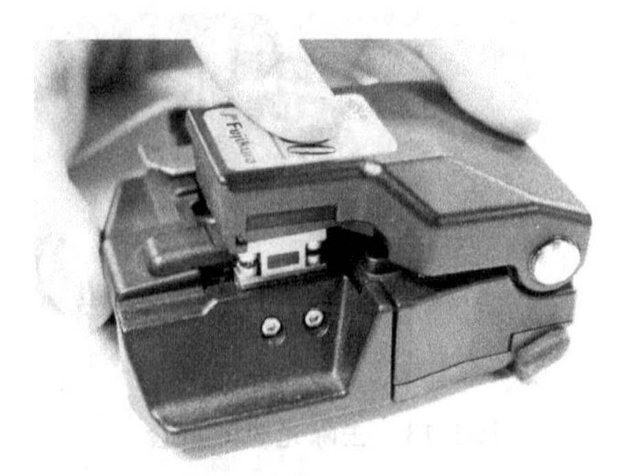

图4-20　完成光纤切割

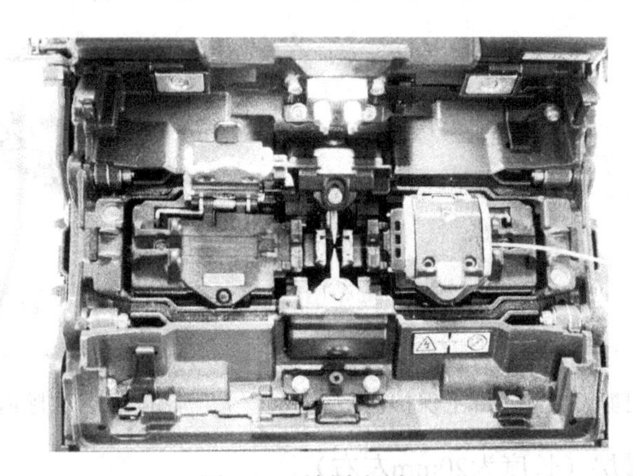

图4-21　放置光纤

11）重复以上的操作，在去掉涂覆层前将热缩管放插在光纤上，再将光纤放入熔接机，如图4-22和图4-23所示。

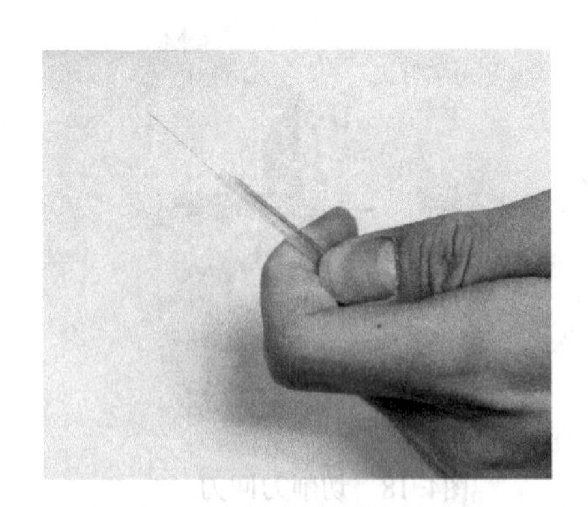

图4-22　热缩管放插光纤

图4-23　光纤放入熔接机

12）扣上保护盖，熔接机的显示屏画面如图4-24所示。

13）按下熔接键，如图4-25所示。

14）熔接完成后，显示屏画面如图4-26所示（估计损耗要小于0.05dB才能成功，如果大于这个值，则需要重复以上步骤重新熔接）。

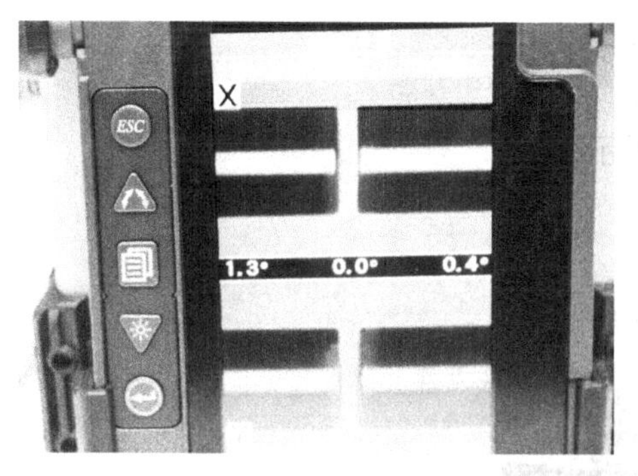

图4-24　熔接机自动对芯

图4-25　按下“SET”键

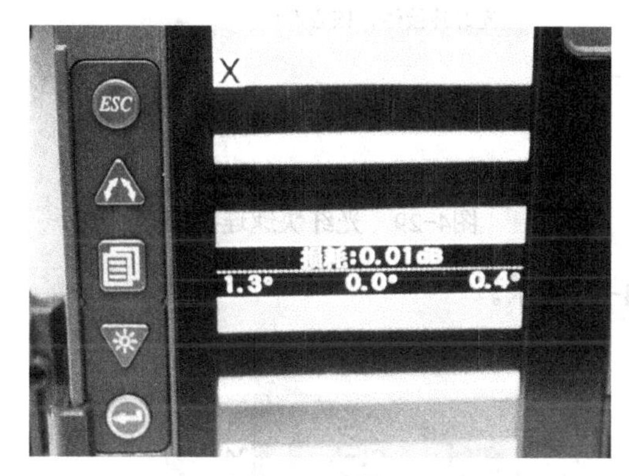

图4-26　自动估算损耗

15）将热缩管放到熔接好的光纤正中间，然后把它们放入熔接机的加热炉中，如图4-27所示。

16）扣好加热炉盖，按下<HEAT>键加热，红灯亮表示正在加热。

17）熔接灯灭后，取出光纤并完成光纤熔接，如图4-28所示。

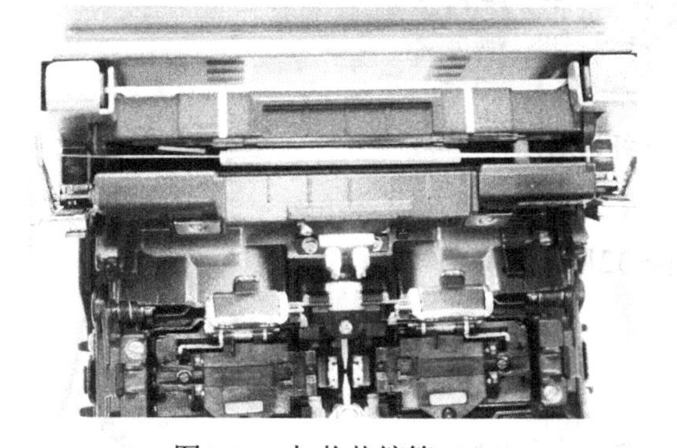

图4-27　加热热缩管

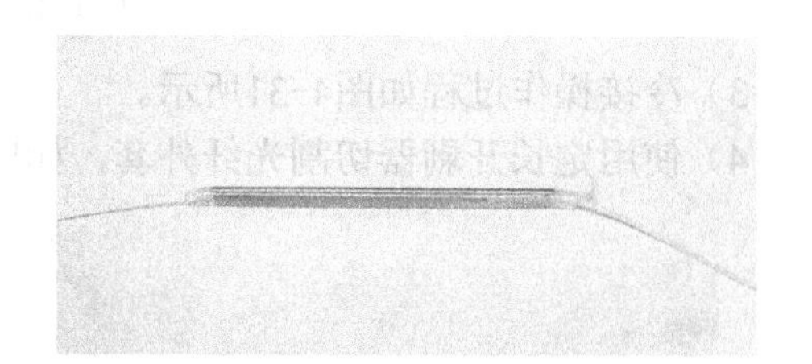

图4-28　熔接完成的光纤

进程三　光纤冷接

扫描看视频

工作任务：根据项目施工要求，对光纤进线冷接施工。

施工工具：光纤切割刀、剪刀、开剥器、光功率计、红光源、斜口钳、尖嘴钳、台虎钳、挤压式酒精瓶、导轨条、米勒钳、定长开剥器。

冷接步骤：

1）认识光纤快速连接器的结构，如图4-29所示。

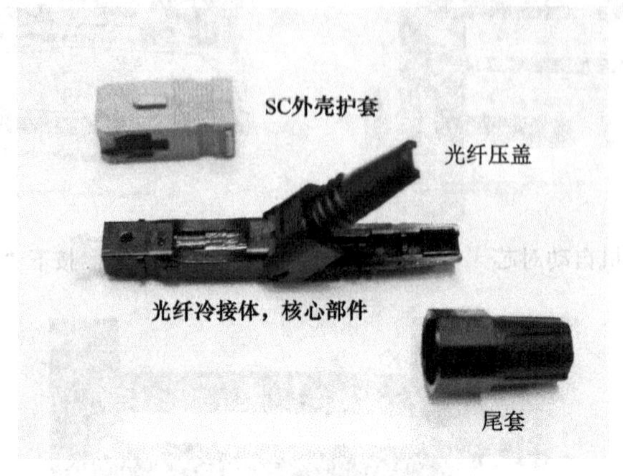

图4-29　光纤快速连接器

2）光纤切割刀如图4-30所示。

图4-30　光纤切割刀

3）冷接操作过程如图4-31所示。

4）使用定长开剥器切割光纤外套，如图4-32所示。

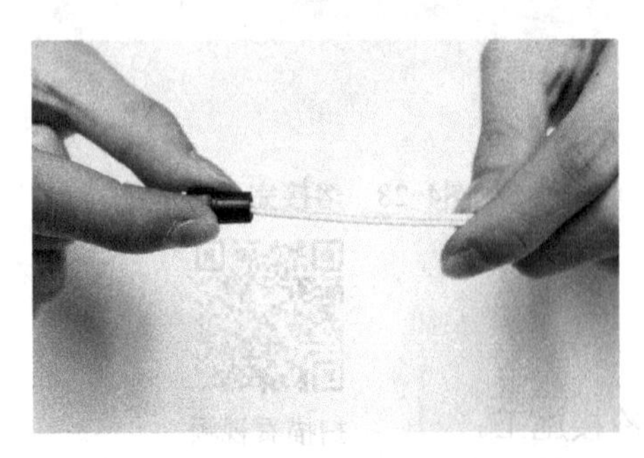

图4-31　套入SC冷接子尾套

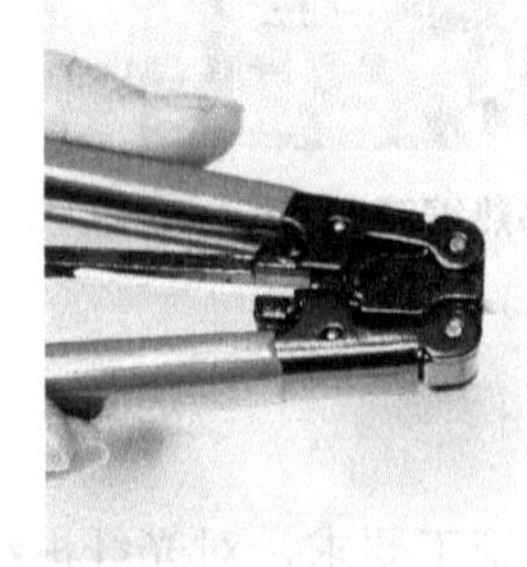

图4-32　切割光纤

5）开剥好的光纤，如图4-33所示。

6）确定要保留涂覆层的长度，如图4-34所示。

图4-33　开剥好的光纤

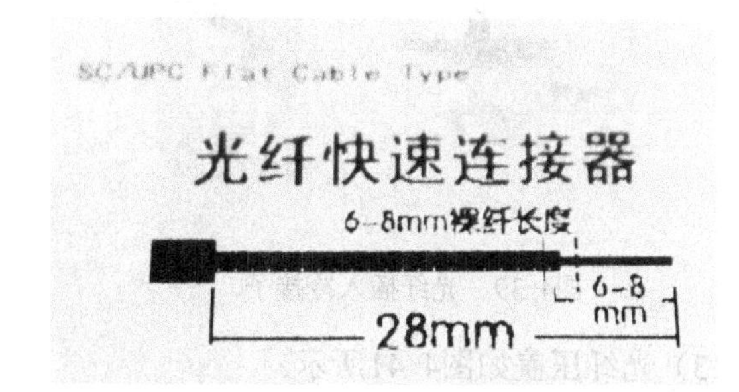

图4-34　冷接子使用说明书

7）去除光纤涂覆层如图4-35所示。

8）去掉涂覆层的裸纤如图4-36所示。

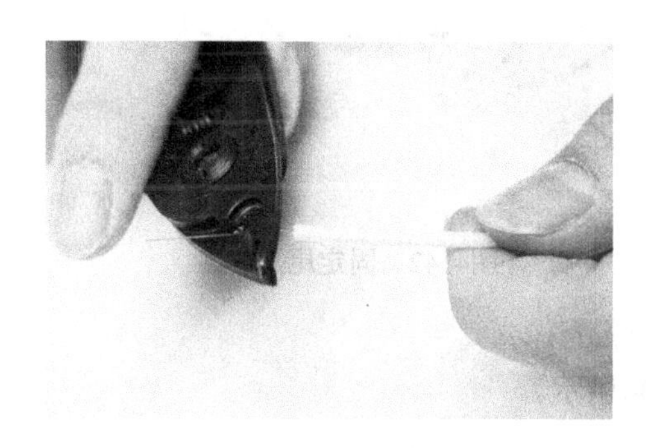

图4-35　去除光纤涂覆层

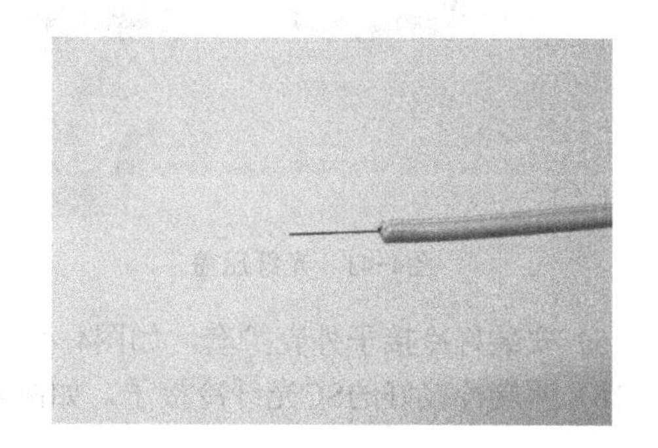

图4-36　去除涂覆层后的光纤

9）使用酒精棉球擦拭光纤，如图4-37所示。

10）切割光纤如图4-38所示。

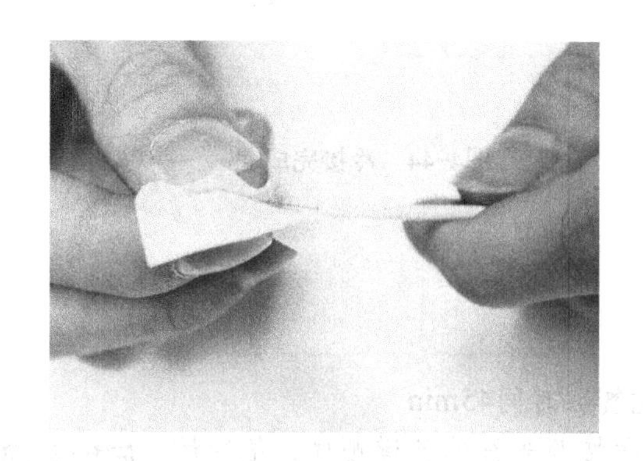

图4-37　擦拭光纤

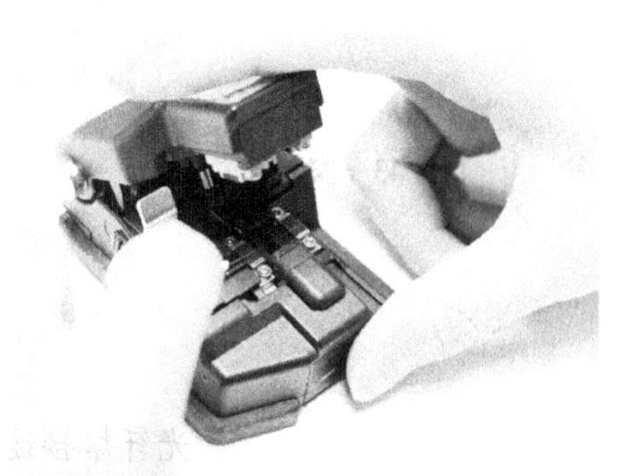

图4-38　切割光纤

11）将光纤插入冷接子，如图4-39所示。

12）将黄色卡子向右推动卡死光纤，如图4-40所示。

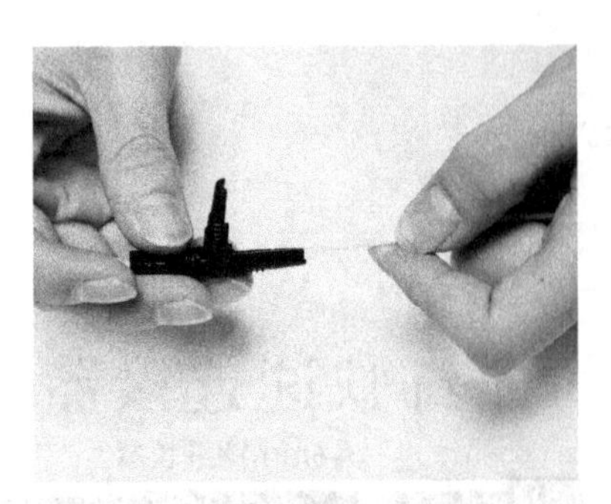

图4-39　光纤插入冷接子

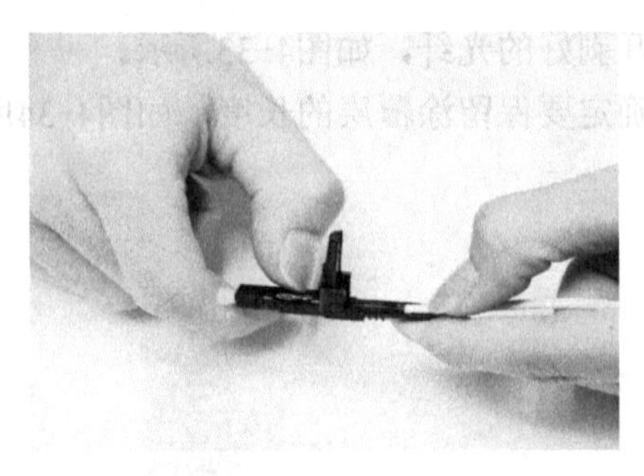

图4-40　固定光纤

13）光纤压盖如图4-41所示。

14）拧好冷接子尾盖如图4-42所示。

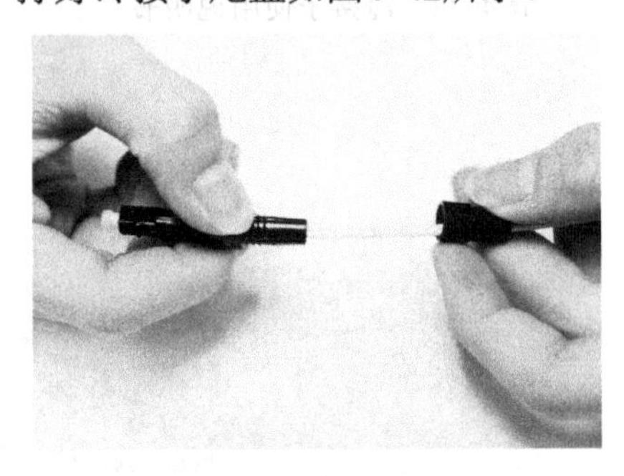

图4-41　光纤压盖

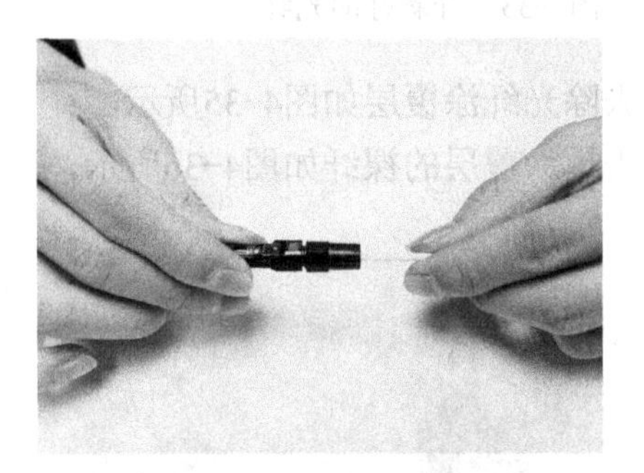

图4-42　固定尾盖

15）安装好冷接子外壳护套，如图4-43所示。

16）两端冷接好的SC光纤冷接子，如图4-44所示。

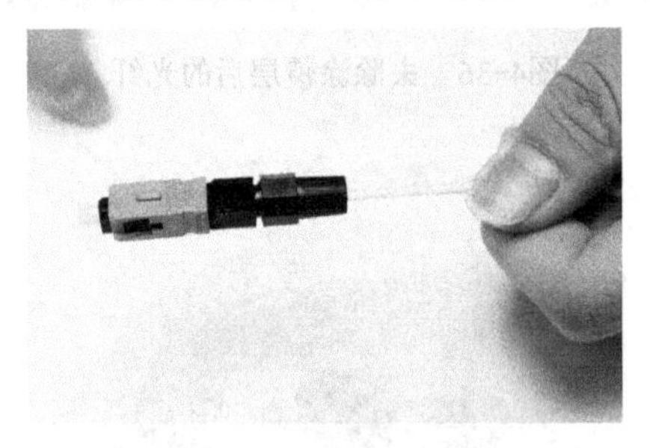

图4-43　安装外壳护套

图4-44　冷接完成

知识点

光纤熔接速度竞赛，时间45min

竞赛要求：将两根光缆环形接续，将光缆按照光纤的色谱顺序，依次熔接，连接串成一条通路。色谱如图4-45所示。将熔接好的光纤整齐放在台面上，不要放在熔接机托盘中。在保证光损很小的前提下，记录熔接点的个数。同时评判熔接点外观质量，操作规范，戴护目镜等劳动保护，环境卫生等。

扫码看视频

具体操作技术要求和注意事项如下：

1）请按照光纤熔接机操作说明书的规定正确熔接光纤，并及时清洁熔接机，保证熔接合格。

2）每个熔接点必须安装1个热收缩保护管，正确调整加热时间，保证套管收缩合格并且居中。

3）必须去除光纤外皮和树脂层，每芯光纤至少用酒精清洁3次。

4）光纤剥线钳每次使用后必须及时清洁，去除剥线钳刀口上面粘留的树脂或杂物。

5）正确使用和清洁光纤切割刀。

6）允许选手在准备阶段用酒精浸泡无尘纸。

7）热缩套管必须存放在盒子里，不允许轻易乱放。

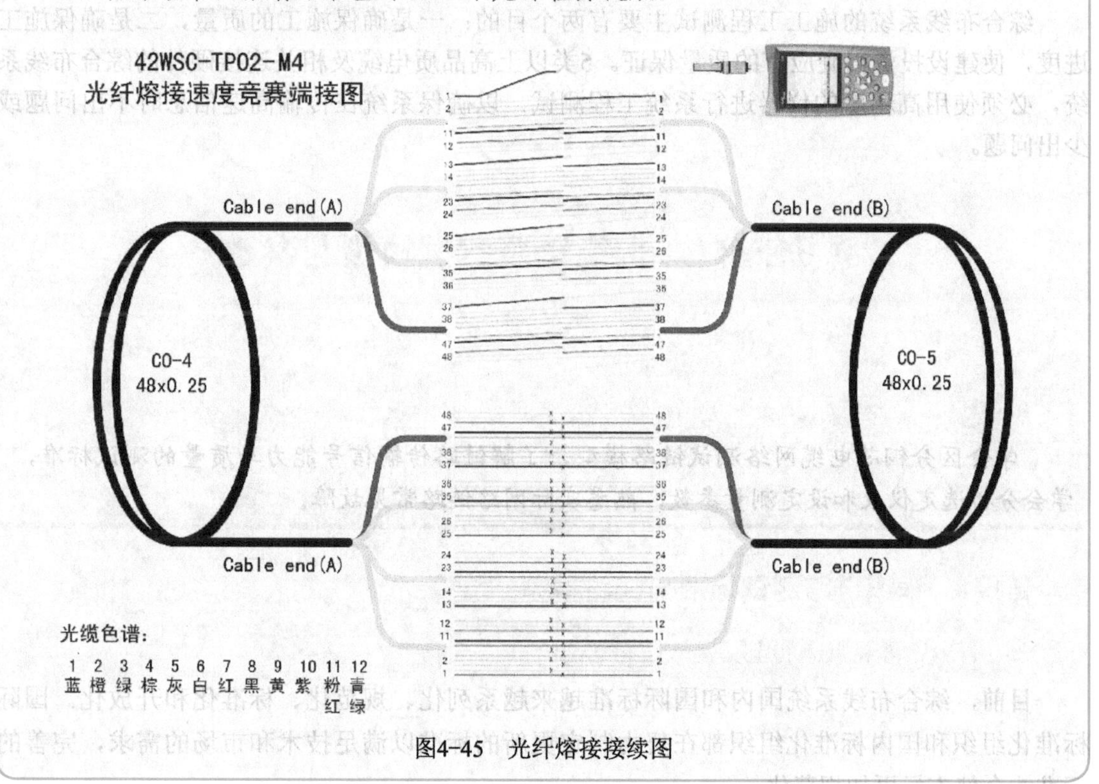

图4-45 光纤熔接接续图

模块5　综合布线系统工程测试技术

事实证明，有70%的网络通信故障是由于综合布线系统工程质量问题引起的，所以，综合布线系统必须严格地进行工程测试，确保工程质量高效益好，为通信网络运行奠定坚实基础。

综合布线系统的施工工程测试主要有两个目的：一是确保施工的质量，二是确保施工进度，使建设投资得到应有的质量保证。5类以上高品质电缆及相关连接硬件的综合布线系统，必须使用高精度的仪器进行系统工程测试，以确保系统在传输高速信息时不出问题或少出问题。

学习任务1　铜缆链路测试模型与参数

学习目的

学会区分铜芯电缆网络测试链路模型，了解链路传输信号能力与质量的测试标准，学会分析选定仪表和设定测量参数，熟悉实际网络链路常见故障。

链接1　铜缆链路测试标准与链路模型

一、常见链路测试标准及其故障诊断

目前，综合布线系统国内和国际标准越来越系列化、规范化、标准化和开放化。国际标准化组织和国内标准化组织都在努力制定更新的标准以满足技术和市场的需求，完善的标准才会使市场更加规范化。

常见的链路测试对象分为永久链路、通道链路等链路级测试对象和跳线、耦合器等元件测试对象。单多模光纤链路的测试方法是类似的，只是测试使用的光源有所不同。

永久链路一般是指两端不含设备跳线的光纤链路（多数时候其两端就是光纤插座/法兰），一般是拟用、待用或备用的光纤链路；通道链路（信道链路）则是指两端含设备跳线的光纤链路，有时也指两端没有插座的直连链路，一般是拟用或在用的光纤链路。

多数光纤测试标准指定的对象是永久链路（一般直接称链路，Link）。对于安装好的链路，则可能混淆链路（Link）和通道（Channel）的测试指标，这个需要给予提醒。与铜缆的通道定义有所不同，部分用户要求的通道损耗可能只包含一端的连接器（插头）损

耗，这需要在测试之前用合同确定下来，否则有可能会因为损耗余量（预算）紧张而产生争议。

对于光纤一级测试是否需要双波长测试，多数标准并未做强制要求，这需要甲方在合同中事先与承包方或施工方约定，以免事后争议。类似地，是否需要双向测试，多数标准也未做强制要求，这同样需要甲方在合同中事先给予约定。部分标准对骨干链路要求执行双向双波长测试认证。如果这些未事先约定，则事后争议可能有利于乙方而不利于甲方。

同样地，光纤二级测试当中的OTDR扩展测试是否使用双波长、双向测试也是多数标准中未强制规定的测试选项。需要甲方约定确认。

光纤跳线的质量可以使用福禄克光纤测试仪来进行测试（适合进货测试）。如果使用OTDR（光时域反射仪）来测试，则测试结果包含跳线的总损耗（包含两端插头在内）、两端插头的单独损耗（须长度超过了衰减死区的跳线）及其回波损耗值。福禄克网络的OFP（福禄克光纤模块）对被测跳线可以最短到支持0.5m，满足绝大多数用户的选型测试、进场测试或者批量跳线进货甚至生产的质检要求。

连接器（耦合器）和分光器的损耗测试一般使用一级测试的方法来测试。反射值测试仍然使用OTDR。

对于“单根双向使用”的光纤的一级测试，可以使用远端光源和光功率计来做标准的福禄克光纤损耗测试（OLTS法）。若使用OTDR，配合发射补偿光纤和接收补偿光纤，也可对单根光纤进行整段或分段“准评估”，例如EPON（以太网无源光网络）等单纤工作的链路。

重要提示：为提高测试精度和应对高速光纤的普及，DC-OTDR（数据中心OTDR）的事件死区/衰减死区应越短越好。这与传统的Telco-OTDR（长途通信用OTDR，大动态范围、低事件死区和衰减死区指标）有很大不同。选购时需要特别留意，以免误用Telco-OTDR来认证数据中心光纤布线系统，因分辨率太低而无法实施测试。

那么故障诊断定位的工具和方法有哪些？可以用常见的光纤测试和维护工具来检查确定故障位置或清洁光纤。如VFL红光笔可以查找光纤和用漏光法来确定裸纤及室内光纤的断点/锐弯/损坏的插头插座等；光纤号码笔（FindFiber）可以查找光纤并直接显示号码；一级测试可以知道链路损耗是否合格（但缺点是不知道问题的具体位置）；光纤显微镜可以检查光纤端面或光源端面是否有污损；清洁工具可以清洁端面脏污；OTDR可以定位问题和故障位置。

二、认证测试模型——链路类型

1. 基本链路（Basic Link）

在GB/T 50312—2016标准中，所定义的基本链路模型测试连接方式如图5-1所示。基本链路模型适合于3类和5类铜缆布线系统链路的测试。基本链路包括3部分：最长为90m的在建筑物中固定的配线（水平）布线电缆、电缆两端的接插件（一端为工作区信息插座，另一端为楼层配线架）和两条与现场测试仪相连的2m测试设备跳线。

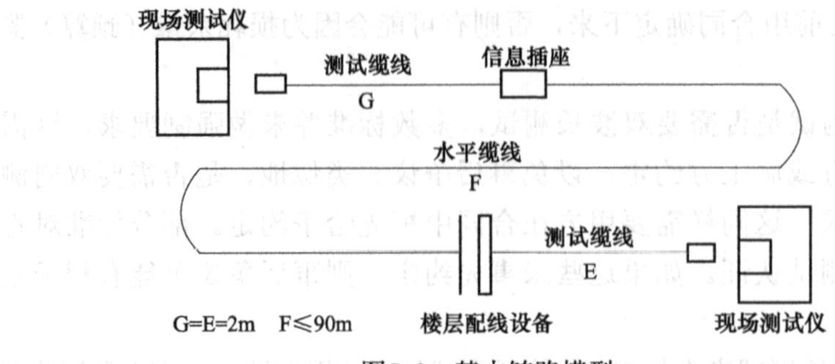

图5-1 基本链路模型

2. 永久链路（Permanent Link）

永久链路又称为固定链路，由最长为90m的配线（水平）电缆、配线电缆两端的接插件（一端为工作区信息插座，另一端为楼层配线架）和链路可选的转接连接器组成，不包括两端的2m测试电缆。永久链路模型的测试连接方式如图5-2所示。这种测试模型适用于测试固定链路（水平电缆及相关连接器件）的信息传输性能。

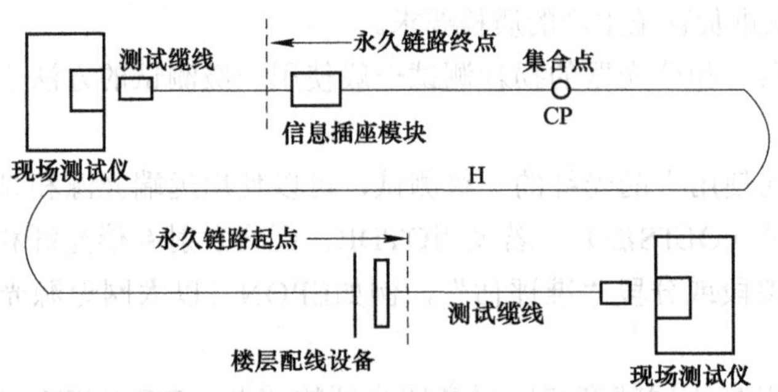

图5-2 永久链路模型

3. 信道（Channel）

根据GB/T 50312—2016标准，信道模型的连接方式如图5-3所示。信道指从网络设备跳线到工作区跳线端到端的连接，它包括了最长90m的在建筑物中固定的水平电缆、水平电缆两端的接插件（一端为工作区信息插座，另一端为配线架）、一个靠近工作区的可选的附属转接连接器、最长10m的在楼层配线架和用户终端的连接跳线，铜缆链路信道最长为100m。

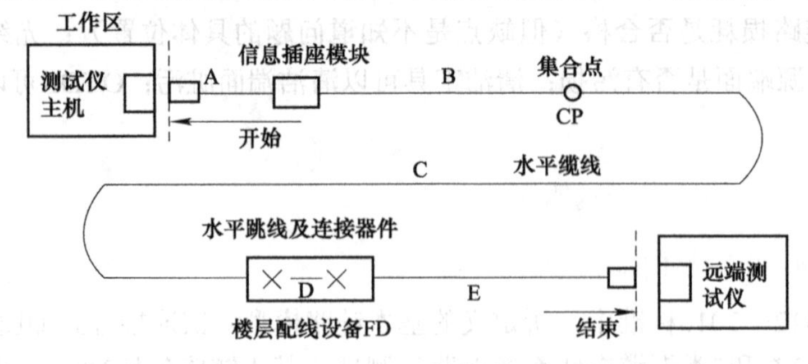

图5-3 信道模型

A工作区终端设备电缆；B—CP线缆；C—配线（水平）线缆，D配线设备连接跳线；E—配线设备到设备连接电缆。

B+C≤90m，A+D+E≤10m

链接2　铜缆链路认证测试项目内容

对于不同级别的布线系统，测试模型、测试内容、测试方式和性能指标是不一样的。参照TSB—67标准要求，对于5类布线系统，在验证测试指标中有接线图、链路长度、衰减、近端串扰4个性能指标。ISO要求增加一项指标，即衰减串扰比（ACR）。对于5e类标准，性能指标的数量没有发生变化，只是在指标要求的严格程度上比TSB—95高了许多；而到6类之后，这个标准已经面向1000Base—TX的应用，所以又增加了很多参数，如综合近端串扰、综合等效远端串扰、回波损耗、时延偏差等。这样，包括增补后的测试参数有：接线图；布线链路及信道长度；近端串扰；综合近端串扰；衰减；衰减对串扰比；远端串扰及等电平远端串扰；传播时延；时延偏差；结构回波损耗；插入损耗；带宽；直流环路电阻等。

铜芯缆链路，依据《综合布线系统工程验收规范》（GB/T 50312—2016）规定的测试内容有接线图、布线链路及信道线缆长度，对不同的布线系统，具体测试时实时增加测试内容和性能指标。

链接3　施工现场认证测试参数

综合布线系统工程的现场测试项目、性能指标和参数是随链路类别不同而变化的。通常，现场验证测试的测试项目只有接线图、布线链路及信道长度、近端串扰NEXT和衰减4项，而认证测试时还有其他项目。

一、认证测试参数

GB/T 50312—2016规定的测试内容，综合布线系统铜缆链路工程现场认证测试项目主要有下列10个参数。

Wire Map接线图（开路/短路/反接/跨接/串绕）；
Length长度；
Attenuation衰减；
NEXT近端串扰；
PS NEXT 综合近端串扰；
ACR 衰减串扰比；
FEXT 远端串扰与EL FEXT 等效远端串扰；
PS ELFEXT综合等效远端串扰；
Propagation Delay传输时延与Delay Skew 时延差；
Return Loss 回波损耗。

二、参数意义

1．接线图（WireMap）

接线图，链路有无端接错误的直观反映，4对双绞线电缆布线链路测试的接线图能显示出所测的每条8芯电缆与配线模块接线端子的连接实际状态。布线过程中可能出现以下正确或不正确的接线图测试情况，具体如图5-4所示。

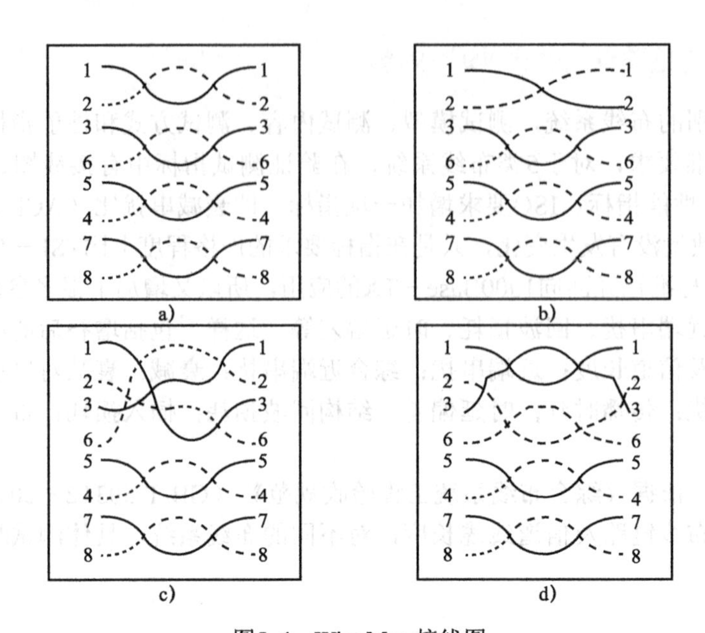

图5-4　Wire Map 接线图

a）正确连接　b）反向线对　c）交叉线对　d）串对

2. 长度（Length）

信息传输链路所用线缆（双绞线）的物理长度。因此，布线链路及信道长度（电缆的物理长度），常用电子长度测量来估算。

所谓“电子长度测量”是应用时域反射计（TimeDomainReflectometry，TDR）的测试技术，基于传播时延和电缆的额定传输速率*NVP*而实现。

电信号在电缆中传输速率与光在真空中传输速率的比值定义为电缆的额定传输速率，用*NVP*表示，则：$NVP=2L/Tc$，其中：L是电缆长度；T是信号传送与接收之间的时间差；c是真空状态下的光速（3×10^8m/s）。一般典型的非屏蔽对绞电缆的*NVP*值为62%～72%，则电缆长度为：$L=NVP（Tc）/2$ 。

*NVP*值随不同线缆类型而异。通常，*NVP*范围为光速的60%～90%，测量准确性取决于*NVP*值，正式测量前用一个已知长度（必须在15m以上）的电缆来校正测试仪的*NVP*值，测试样线越长，测试结果越精确。测试时采用延时最短的线对作为参考标准来校正电缆测试仪。典型的非屏蔽双绞线的*NVP*值范围为62%～72%。

3. 衰减（Attenuation）

信息传输所造成的信号损耗（以分贝dB表示）。当信号在电缆中传输时，由于电阻而导致传输信号的减小，如图5-5所示。信号沿电缆传输损失的能量称为衰减。衰减是一种插入损耗，当考虑一条通信链路的总插入损耗时，布线链路中所有的布线部件都对链路的总衰减值有贡献。一条链路的总插入损耗是电缆和布线部件的衰减的总和。

（衰减量由下述各部分构成。）

1）布线电缆对信号的衰减。

2）构成通道链路方式的10m跳线或构成基本链路方式的4m设备接线对信号的衰减量。

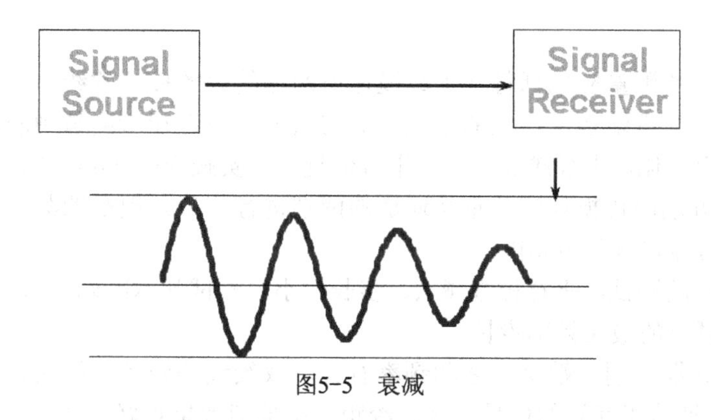

图5-5　衰减

3）每个连接器对信号的衰减量。

衰减测试是对电缆和链路连接硬件中信号损耗的测量，衰减随频率而变化，所以应测量应用范围。例如，对于5类非屏蔽对绞电缆，测试频率范围是1～100MHz。测量衰减时，值越小越好。温度对某些电缆的衰减也会产生影响，一般说来随着温度的增加，电缆的衰减也增加。这就是标准中规定温度为20℃的原因。要注意，衰减在特定线缆、特定频率下的要求有所不同。具体说，每增加1℃对于CAT3（三类线）电缆衰减增加1.5%，CAT4（四类线）和CAT5（五类线）电缆衰减增加0.4%；当电缆安装在金属管道内时，每增加1℃链路的衰减增加2～3%。现场测试设备应测量出安装的每一对线衰减的最严重情况，并且通过将衰减最大值与衰减允许值比较后，给出合格（PASS）与不合格（FAIL）的结论。具体规则是：a）如果合格，则给出处于可用频宽内的最大衰减值；否则给出不合格时的衰减值、测试允许值及所在点的频率。b）如果测量结果接近测试极限，而测试仪不能确定是PASS或FAIL时，则将此结果用“PASS*”标识；若结果处于测试极限的错误侧，则给出FAIL。c）PASS/FAIL的测试极限是按链路的最大允许长度（信道链路是100m，永久链路是90m）设定的，不是按长度分摊的。若测量出的值大于链路实际长度的预定极限，则在报告中前者将加星号，以示说明。

4）衰减产生原因可能为电缆材料的电气特性和结构、不恰当的端接、阻抗不匹配的反射。

5）衰减对信息传输影响，过量衰减会使电缆链路传输数据不可靠。

6）衰减是频率的函数。

4. 近端串扰（NEXT）

串扰是同一电缆的一个线对中的信号在传输时耦合进其他线对中的能量。一个发送信号线对泄漏出来的能量被认为是这条电缆内部噪声，它会干扰其他线对中的信号传输。

串扰分为近端串扰（Near End Crosstalk，NEXT）和远端串扰（Far End Crosstalk，FEXT）两种。

近端串扰是指处于线缆一侧的某发送线对的信号对同侧的其他相邻（接收）线对通过电磁感应所造成的信号耦合。

在仪表测试设置中，近端串扰是用近端串扰损耗值来度量的，测量的是线对彼此耦合过来的“信号损耗值”，因此，近端串扰的值越高越好。高的近端串扰值意味着只有很少的能量从发送信号线对耦合到同一电缆的其他线对中，也就是耦合过来信号损耗高，低的近端串扰值意味着较多的能量从发送信号线对耦合到同一电缆的其他线对中，也就是耦合过来信号损耗低。

近端串扰损耗的测量应包括每一个线缆通道两端的设备接插软线和工作区电缆在内，近端串扰并不表示在近端点所产生的串扰，而它只表示在近端所测量到的值。测量值会随电缆的长度不同而变化，电缆越长，近端串扰值越小。实践证明在40m内测得的近端串扰值是真实的，并且近端串扰损耗应分别从通道的两端进行测量。现在的测试仪都有能在一端同时进行两端的近端串扰测量功能。

对于近端串扰的测试，采样样本越大，步长越小，测试就越准确，TIA/EIA 568B 2.1定义了近端串扰测试时的最大频率步长。

近端串扰与线缆类别、端接工艺和频率有关，双绞线的两条导线绞合在一起后，因为相位相差180°而抵消相互间的信号干扰，绞距越小抵消效果越好，也就越能支持较高的数据传输速率。在端接施工时，为减少串扰，打开绞接的长度不能超过13mm。

近端串扰类似噪声干扰，足够大时会破坏正常传输的信号，会被错误地识别为正常信号，造成站点间歇锁死，网络的连接完全失败。

近端串扰也是频率的函数。

5. 综合近端串扰（Power Sun NEXT，PSNEXT）

近端串扰是一对发送信号的线对对被测线对在近端的串扰，实际上，在4对双绞线电缆中，若其他3对线对都发送信号时就都会对被测线对产生的串扰。因此如4对电缆中，3个发送信号的线对向另一相邻接收线对产生的总串扰就称为综合近端串扰。

综合近端串扰值是双绞线布线系统中的一个新的测试指标，只有5e类和6类电缆中才要求测试PS NEXT，这种测试在用多个线对传送信号的100BASE—T4和1000BASE—T等高速以太网中非常重要。因为电缆中多个传送信号的线对把更多的能量耦合到接收线对，在测量中综合近端串扰值要低于同种电线缆对间的近端串扰值，比如100MHz时，5e类通道模型下综合近端串扰最小极限值为27.1 dB，而近端串扰最小极限值为30.1 dB。

6. 衰减与串扰比（ACR）

通信链路在信号传输时，衰减和串扰都会存在，串扰反映电缆系统内的噪声，衰减反映线对本身的传输质量，这两种性能参数的混合效应（信噪比）可以反映出电缆链路的实际信息传输质量，用衰减与串扰比来表示这种混合效应，衰减与串扰比定义为：被测线对受相邻发送线对串扰的近端串扰损耗值与本线对传输信号衰减值的差值（单位为dB），即ACR（dB）=NEXT（dB）–Attenuation（dB），衰减串扰比ACR=近端串扰–衰减（dB），数值越大越好。

7. 等效远端串扰（ELFEXT）与综合等效远端串扰（PSELFEXT）

与NEXT定义相类似，远端串扰是信号从近端发出，而在链路的另一侧（远端），发送信号的线对向其同侧其他相邻（接收）线对通过电磁感应耦合而造成的串扰。

因为信号的强度与它所产生的串扰及信号的衰减有关，所以电缆长度对测量到的FEXT值影响很大，FEXT并不是一种很有效的测试指标，在测量中总是用ELFEXT值的测量代替FEXT值的测量。

等效远端串扰（ELFEXT），是指某线对上远端串扰损耗与该线路传输信号的衰减差，也称为远端ACR。减去衰减后的FEXT也称作同电位远端串扰，它比较真实地反映在远端的串扰值。

定义：ELFEXT（dB）=FEXT（dB）–A（dB）（A为受串扰接收线对的传输衰减）。

测试远端串扰类似于测试近端串扰，首先测试衰减，然后测试等效远端串扰，再用远端串扰值减去衰减值。

局域网信噪比的另一种表示方式，即两个以上的信号朝同一方向传输时的情况（例如，1000Base—T）。

综合等效远端串扰PSELFEXT和PSNEXT一样，是几个同时传输信号的线对在接收线对形成的ELFEXT总和。对4对UTP而言，它组合了其他3对线对第4对线的ELFEXT影响。

8. 传输时延（Propagation Delay）和时延偏离（Delay skew）

传输时延为信号在电线缆对中传输时所需要的时间，如图5-6所示。传输时延随着电缆长度的增加而增加，测量标准是指信号在100m电缆上的传输时间，单位是纳秒（ns），它是衡量信号在电缆中传输快慢的物理量。

时延偏离如图5-7所示，是指同一UTP电缆中传输速度最快的线对和传输速度最慢线对的传输延迟差值，它以同一线缆中信号传播延迟最小的线对的时延值作为参考，其余线对与参考线对都有时延差值。最大的时延差值即是电缆的时延偏离。

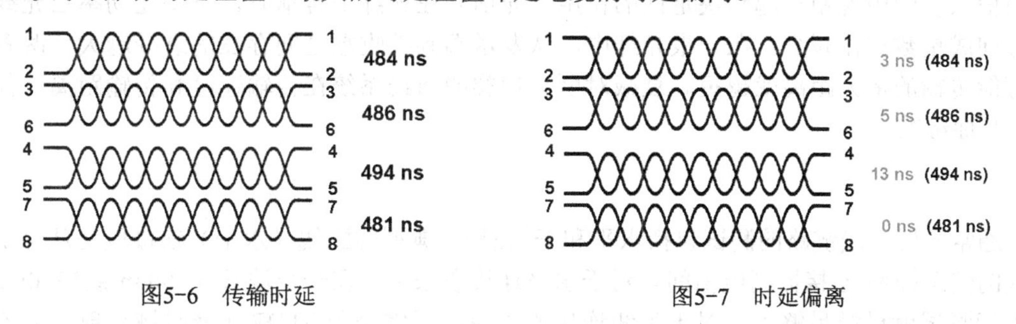

图5-6　传输时延　　　　图5-7　时延偏离

9. 回波损耗（RL）

回波损耗是由于线缆与接插件构成布线链路阻抗不匹配导致的一部分能量反射。

当端接阻抗（部件阻抗）与电缆的特性阻抗不一致，偏离标准值时，在通信链路上就会导致阻抗不匹配。阻抗的不连续性引起链路偏移，电信号到达链路偏移区时，必须消耗掉一部分来克服链路偏移，这样会导致两个后果，一个是信号损耗，另一个是少部分能量会被反射回发送端。被反射到发送端的能量会形成噪声，导致信号失真，降低通信链路的传输性能。

回波损耗=发送信号/反射信号

回波损耗越大，则反射信号越小，意味着通道采用的电缆和相关连接硬件阻抗一致性越好，传输信号越完整，在通道上的噪声越小。因此回波损耗越大越好。

回波损耗，测量整个频率范围信号反射的能量强度，其结果是特性阻抗之间的偏离。

链接4　光纤链路认证测试项目内容

一、光纤传输信道的光学连通性测试

光纤传输信道的光学连通性表示光纤通信系统传输光功率的能力。进行光纤传输信道

的连通性测试时，通常是在光纤通信系统的一端连接光源，把红色激光、发光二极管或者其他可见光注入光纤；在另一端连接光功率计并监视光的输出，通过检测到的输出光功率确定光纤通信系统的光学连通性。如果在光纤中有断裂或其他的不连续点，光纤输出端的光功率就会减少或者根本没有光输出。当输出端测到的光功率与输入端实际输入的光功率的比值小于一定的数值时，则认为这条链路光学不连通。

按照《综合布线系统工程验收规范》（GB/T 50312—2016）规定，在光纤链路施工前进行器材检验时，一般检查光纤的连通性，必要时宜采用光纤损耗测试仪（或稳定光源和光功率计组合）对光纤链路的插入损耗和光纤长度进行测试。

二、光功率测试与光功率损失测试

对光纤布线工程最基本的测试是在EIA的FOTP—95标准中定义的光功率测试，它确定了通过光纤传输信号的强度，是光功率损失测试的基础。测试时把光功率计放在光纤的一端，把光源放在光纤的另一端。

光功率损失代表了光纤通信链路的衰减。衰减是光纤通信链路的一个重要的传输参数，它表明了光纤通信链路对光能的传输损耗（传导特性），对光纤质量的评定和确定光纤通信系统的中继距离起到决定性的作用。光信号在光纤中传播时，平均光功率沿光纤长度方向成指数规律减少。在一根光纤中，从发送端到接收端之间存在的衰减越大，两者之间可能传输的最大距离就越短。衰减对所有种类的布线系统在传输速度和传输距离上都会产生负面影响。

三、光纤链路的分类测试

通常光纤布线链路的测试包括水平和干线2种。典型的配线（水平）连接段是从位于工作区的信息插座/连接器到电信间。对于水平连接段来说，在一个波长（850nm或1300nm）上进行测试就已经足够了；对于干线连接段来说，通常采用OTDR（光时域反射计）或其他光纤测试仪进行测试。建议无论是单模（SM）还是多模（MM）光纤，都要在两个波长（SM在1310nm/1550nm，MM在850nm/1300nm）上进行测试，这样可以综合考虑在不同波长上的衰减情况。

四、光纤链路测试注意事项

1）对光纤信道进行连通性、端一端损耗、收发功率和反射损耗4种测试，要严格区分单模光纤和多模光纤的基本性能指标、基本测试标准和测试仪器或测试附件。

2）测试仪器精确度，为了保证测试仪器的精度，应选用动态范围大的，通常为60dB或更高的测试仪器。在这一动态范围内功率测量的精确度通常被称为动态精确度或线性精度。

3）测量仪器校准，为使测量结果更准确，测试前应对所有的连接器件进行清洗，并将测试接收器校准至零位。值得注意的是，即使是经过了校准的功率计也有大约±5%（0.2dB）的不确定性，测量时所使用的光源与校准时所用的光谱必须一致；其次，要确保光纤中的光有效地耦合到功率计中，最好是在测试中采用发射电缆和接收电缆（电缆损耗低于0.5dB）；最后还必须使全部光都照射到检测器的接收面上，而且又不使检测器过载。

1. 光功率测试

对已敷设的光缆，可用插损法来进行衰减测试，即用一个功率计和一个光源来测量两个功率的差值。首先测量光源注入到光缆的能量，再测量光缆另一端的光射出的能量。测量时为了确定光纤的注入功率，必须对光源和功率计进行校准，校准后的结果可为所有被测光缆的光功率损耗测试提供一个基点，两个功率的差值就是每个光纤链路的损耗。

（1）光纤衰减测试准备工作

1）确定要测试的光缆。

2）确定要测试光纤的类型。

3）确定光功率计和光源与要测试的光缆类型匹配。

4）校准光功率计。

5）确定光功率计和光源处于同一波长。

（2）测试设备

光功率计、光源、参照适配器（耦合器）、测试用光缆跳线等。

（3）光功率计校准

（4）光纤链路的测试

测试按图5-8所示方式进行连接，测试连接前应对连接的插头、插座进行清洁处理，防止由于接头不干净带来附加损耗，造成测试结果不准确，向测试仪主机输入测量损耗标准值。

操作测试仪，首先需要选择波长，然后再选择方向为双向测试。

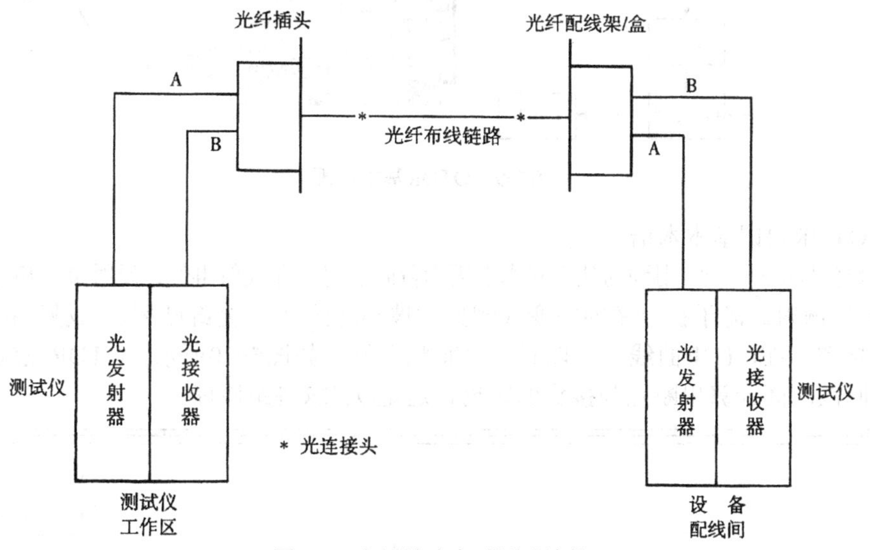

图5-8　光纤链路衰减测试连接

2. OTDR测试

光功率计只能测试光功率损耗，如果要确定损耗的位置和损耗的起因，就要采用光时域反射计（OTDR）。

OTDR是光纤测量中最主要的仪器，被广泛应用于光纤光缆工程的测量、施工、维护及验收工作中，使用频度最高，形象的被人称为光通信中的“万用表”。

OTDR测试是通过发射光脉冲到光纤内，然后在OTDR端口接收返回的信息来进行，当光脉冲在光纤内传输时，会由于光纤本身的性质、连接器、接合点、弯曲或其他类似的事件而产生散射、反射。其中一部分的散射和反射就会返回到OTDR中，返回的信息由OTDR的探测器来测量，并描绘光纤内不同位置上的时间或曲线片断，将光纤链路的完好情况和故障状态，以一定斜率直线（曲线）的形式清晰地显示在液晶屏上。

OTDR根据事件表的数据，能迅速地查找确定故障点的位置和判断障碍的性质及类别，对分析光纤的主要特性参数提供准确的数据。

OTDR主要功能：

a）观察整个光纤线路；b）定位端点和断点；c）定位接头点（“故障点”）；d）测试接头损耗；e）测试端到端损耗；f）测试反射值；g）测试回波损耗；h）建立事件点与地标的相对关系；i）建立光纤数据文件；j）数据归档。

（1）OTDR基本原理

如图5-9所示，OTDR利用其激光光源向被测光纤发送一光脉冲，光脉冲在光纤本身及各特征点上会有光信号反射回OTDR，反射回的光信号又定向耦合到OTDR的接收器，并由接收器转换成电信号，最终在显示屏上显示出结果曲线。

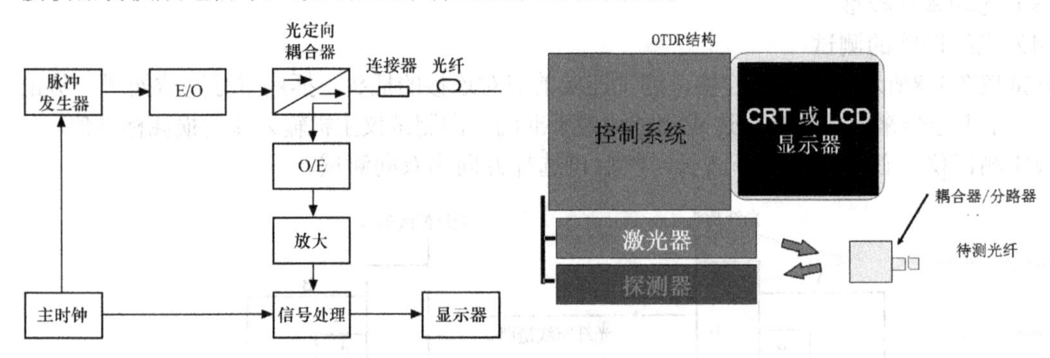

图5-9　OTDR基本原理

（2）OTDR测试基本术语

OTDR光纤测试中经常用到的几个基本术语为背向散射、非反射事件、反射事件和光纤尾端。

1）背向散射。源于折射率的突变（例如：玻璃/空气）。光纤断裂、机械连接、耦合器和活动连接器，在OTDR曲线上可以看到“刺状”峰，如图5-10所示。OTDR收到回波信号后会根据回波时间计算出断点与接头的距离，这是OTDR测距原理。

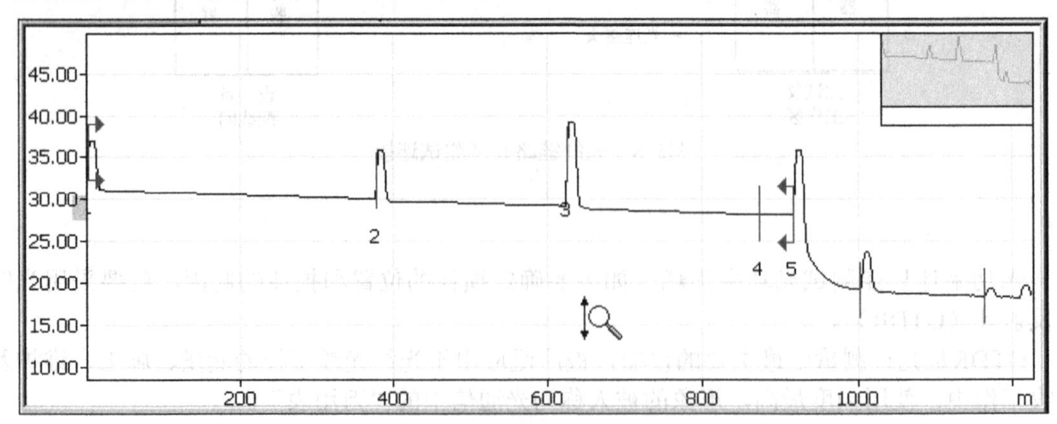

图5-10　OTDR曲线刺状峰

对于光纤连接器，常用的接头标准有UPC和APC。PC指的是紧密接触（physical contact），UPC的光纤端面是平面的，工业标准规定的回波损耗为-50dB。APC则完全不同，它的端面被磨成一个8°的锐角，这样可以减少反射，其工业标准的回波损耗为-60dB。UPC反射的典型值-55dB，APC反射的典型值为-65dB（国际电信联盟ITU标准）

2）非反射事件。光纤中的熔接头和微弯都会带来损耗，但不会引起反射，或者它们对光传输反射较小，称之为非反射事件。

3）反射事件。活动连接器、机械接头和光纤中的断裂点都会引起损耗和反射，把这种反射幅度较大的事件称之为反射事件。

4）光纤尾端即被测光纤的远端。

5）事件类型及显示，如图5-11所示。

6）两种光纤末端及曲线显示，如图5-12所示。

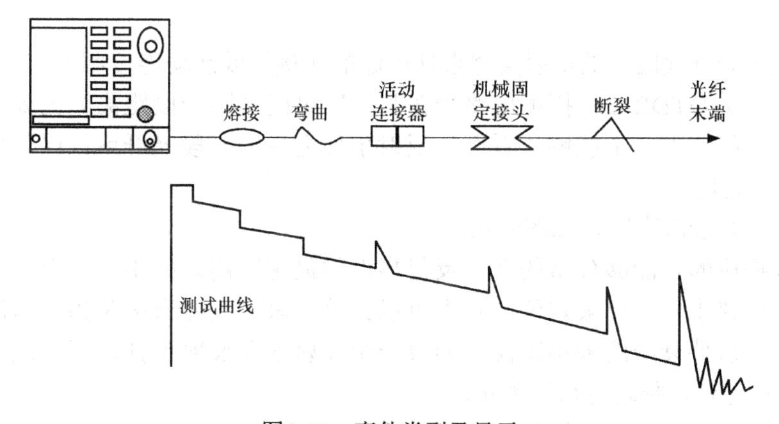

图5-11　事件类型及显示

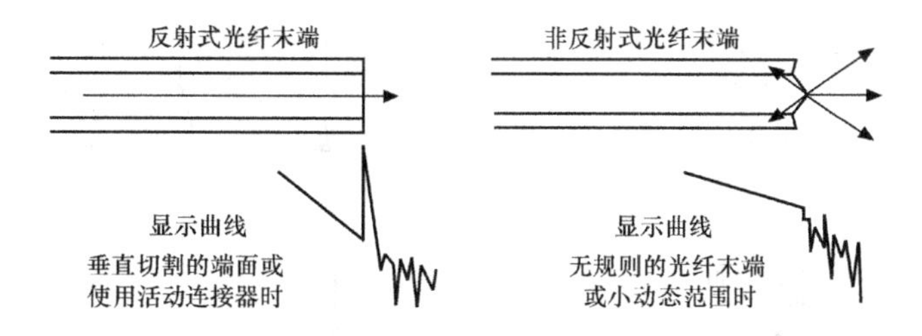

图5-12　末端及曲线显示

（3）性能参数

OTDR的性能参数一般包括OTDR的动态范围、盲区、距离精确度、OTDR接收电路设计和光纤的回波损耗、反射损耗。

1）动态范围，如图5-13所示。

①把初始背向散射电平与噪声电平的差值（dB）称为动态范围。

②动态范围可决定最大测量长度。

③动态范围的表示方法有峰—峰值（又称峰值动态范围）和信噪比（SNR＝1）两种表示方法。

④该指标决定了OTDR能够分析的最大光损耗值，即决定了OTDR可以测量的最大光纤长度。

⑤动态范围越大，OTDR可以分析的距离越远。

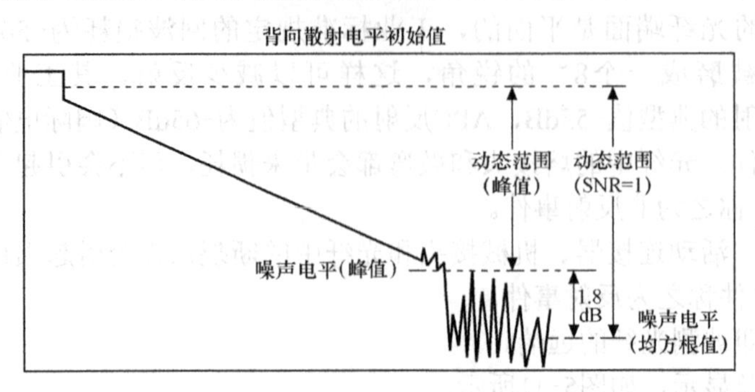

图5-13　动态范围

2）盲区。

①盲区是由光纤线路上的反射类型事件引起的（接头或活动连接器等）。

②反射光进入OTDR后，探测电路会在某一段时间（即一段距离）内处于饱和状态，结果就是在光纤线路上，不能够“看到”反射事件之后的一段光纤或该区域内所发生的事件，所以被称为盲区。

③事件盲区与衰减盲区，如图5-14所示。

事件盲区描述的是能够分辨的两个反射事件的最短距离。如果一个反射事件在“事件盲区”之外，则该事件可以被定位，距离可以计算出来。衰减盲区是指可以测量随后的一个反射或非反射事件衰减的最小距离。如果一个反射或非反射事件在“衰减盲区”之外，则该事件可以被定位，损耗也可以测量。

3）OTDR测试曲线示意，如图5-15所示。

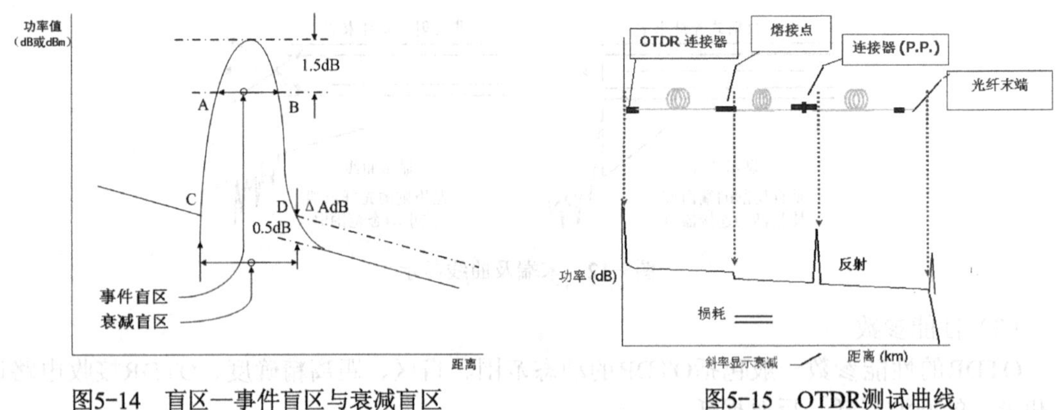

图5-14　盲区—事件盲区与衰减盲区

图5-15　OTDR测试曲线

学习任务2　福禄克（Fluke）电缆测试仪操作训练

链接　常见光纤线路故障的检测和分析

一、常见光纤线路故障及其检测

随着WDM（波分复用）技术的广泛应用，光纤传输容量和传输速率越来越大，作为通信网络基础设施的光纤线路的安全性，对整个通信网络至关重要。因此，研究故障产生的原因，积极做好光纤线路的防护，及时准确查找故障点并组织抢修，是保证通信网络中传输设备安全、稳定、可靠的重要工作之一。

二、光纤线路故障原因分析

1. 接头

由于光纤接续处完全失去了原有光缆结构对其强有力的保护，仅靠接续盒进行补充保护，易发生故障。如果接续质量较差或接续盒内进水，那么也会对光纤的使用寿命和接头损耗造成影响。

2. 外力

光纤线路大多敷设在野外，直埋光缆埋设深度要求是1.2m，因此机械施工、鼠咬、农业活动、人为破坏等会对光线缆路都会构成威胁。据资料统计显示，除接续故障外，外力造成的故障占90%以上。

3. 绝缘不良

光缆绝缘不良将导致光缆、接续盒在受潮或渗水后，因腐蚀、静态疲劳易使光缆强度降低甚至断裂，并且OH^-、过渡金属离子等也会使吸收损耗增大、涂覆层剥离强度降低。此外，光缆对地绝缘不良，也将使光缆的防雷、防蚀、防强电能力降低。

4. 雷电

光纤虽然可免受电流冲击，但光缆的铠装元件都是金属导体，当电力线接近短路和雷击金属件时会感应出交流浪涌电流，可能会引起线路设备受损或人员伤亡。

5. 强电

当光缆与高压电缆悬挂在同一铁塔并处于高压电场环境中时，会对光缆产生电腐蚀。光缆常见故障现象及其产生的原因见表5-1。

表5-1　光缆常见故障现象及其原因

故障现象	故障原因
光纤接续损耗增大	保护管安装有问题或接续盒渗水
光纤衰减曲线出现台阶	光缆受机械力作用，部分光纤断但并未完全断开
某根光纤出现衰减台阶或断纤	光缆受外力影响或光缆制造工艺不当
接续点衰减台阶水平拉长	接续点附近出现断纤
通信全部中断	光缆受外力影响挖断、炸断或塌方拉断，或供电系统中断

三、光纤线路的防护

光纤线路防护工作的基本任务是保持设备完整，传输性能良好；一旦发生故障，应能及时快速排除。

1. 日常技术维护

日常维护是光缆防护的基础工作，包括根据质量标准，定期按计划维护，使设备处于良好状态，并掌握好维护工作的主要项目和周期。加大护线宣传力度，多方位、深层次地进行宣传教育，使广大群众都清楚地意识到护线的重要性，并将保护光缆作为一种自觉自愿行为。光纤线路的技术维护主要是对光缆进行定期测试，包括光纤线路的性能测试和金属外护套对地绝缘测试。

2. 光纤线路的防雷

光缆加强芯和金属铠装层，容易受雷电影响。光缆的防雷首先应注重光纤线路本身的防雷，其次要防止光缆将雷电引入机房。光纤线路可采取以下防雷措施：

1）采取外加防雷措施，如布防雷线（排流线）。

2）当光缆与建筑物等其他物体较近时，可采用消弧线保护光缆。为防止光缆把雷电引入机房，用横截面积为25～35mm^{2}的多股铜线将光缆加强芯接地，并做好加强芯与设备机架和DDF（数字式配线架）机架的绝缘。

3. 光纤线路的防蚀

直埋式长途光纤线路，由于所经地方的地理环境易受周围介质的电化学作用，使金属护套及金属防潮层发生腐蚀而影响光缆的使用寿命。对光纤线路一般应采用以下防蚀措施：

1）改进金属护套及金属防潮层的结构和材料，采用防水性能良好的防蚀覆盖层。

2）采用新型的防蚀管道。

4. 技术防护

有铜线的光纤线路，其防护强电影响的措施与电缆通信线路基本相同。对只有金属加强芯而无铜线的光纤线路，一般应采取以下防护措施：

1）在光缆的接头上，两端光缆的金属加强件、金属护套不做电气通连，以缩短电磁感应电动势的积累长度，减少强电的影响。

2）在交流电和铁路附近进行光缆施工或检修作业时，应将光缆中的金属加强件做临时接地，以保证人身安全。

3）在发电厂、变电站附近，不要将光缆的金属加强件接地，以避免将高电位引入光缆。

4）当光缆经过高压电场环境时，应合理选择光缆护套材料及防振鞭材料，以防电腐蚀。

四、光纤线路故障检测

光纤线路一旦发生故障，直接且主要的表现就是整个线路损耗增大。通过测量光纤线路衰减，可判断故障点及故障性质。目前在实际工程施工维护中，一般多采用背向散射法来测量光纤损耗。首先将大功率的窄脉冲注入被测光纤，然后在同一端检测光纤后向散射光功率。由于光纤的主要散射是瑞利散射，因此测量光纤后向瑞利散射光功率就可以获得光的衰减值和其他信息，通常采用光时域反射计（OTDR）进行测量。OTDR采用取样积分仪和光脉冲激励原理，对光纤中传输的光信号进行取样分析，可以判断出光纤的接续点和损耗变化点。

1. OTDR的参数设置

使用OTDR时，应注意以下参数的设置：

（1）脉冲宽度

脉冲宽度是每次取样中激光器打开的时间长度，其数值由选定的激光器决定。脉冲宽度也取决于当前最大测量距离的设定，通常这两个参数相互关联。窄脉冲可测试较短的光纤，测试精度较高；宽脉冲可以低分辨率测试较长的光纤。

（2）最大范围

最大范围是指OTDR所能测试的最大距离，其设定值至少应与被测光纤一样长，通常应为被测光纤长度的1.5倍以上。

（3）平均化次数（时间）

较高的平均化次数会产生较好的信噪比，但所需时间较长，而较低的平均化次数会缩短平均化时间，噪声也更多。

（4）折射率

折射率的设定与光纤纤芯的折射率一致，否则将引起测量距离的误差。测量时的折射率设定值应由光纤制造厂家提供。

2. OTDR使用注意事项

利用OTDR进行故障精确定位时，测试精度与操作人员对线路熟悉程度及OTDR操作熟练程度有很大关系。一般应注意以下几个方面：

（1）距离的精确定位

如测某点至测试仪表的距离，只需将任意一个光标精确定位后便可读出距离值；如测定整个曲线内某一段的长度，则两个光标都应正确定位，以两光标之间的距离为准；如确定一个非反射性接头的位置时，应将光标定位于曲线斜率改变处；对于脉冲反射处的正确定位，幅度大于3dB的未削波脉冲反射，可将光标调到反射波前沿比峰值低1.5dB的位置，幅度小于或等于3dB的未削波脉冲反射，可将光标调至其前沿峰值一半以上的位置。无论是非反射或反射接头，在精确定位时都应当将曲线进行尽可能地放大，以便精确检测光纤。

（2）OTDR的盲区

光纤的测试盲区分为事件盲区和衰减盲区。在OTDR测量中，盲区随脉冲宽度的增加而增加。为提高测试精度，在进行短距离测试时，应采用窄脉冲；长距离测试时，采用宽脉冲，以减少盲区对测量精度的影响。

（3）测试中“增益”现象

由于接续的两根光纤具有不同的模场直径或背向散射光功率，当第二根光纤的背向散射光功率高于第一根光纤时，OTDR波形会显示出第二根光纤有更大的信号电平，接头点好像有功率增益。当从另一方向测量同一接头，所显示的损耗将大于实际损耗，所以只能将两个方向的测量结果平均才能得到真实的接续损耗值。

（4）OTDR的测试精度

现有的OTDR测试，动态范围已不是主要问题，提高测试精度主要是对不同的光纤线路采取不同的设置方法。首先应正确设定被测光纤的折射率并估计长度。其次用宽脉冲粗测光纤长度，当光纤长度基本明确后，调整脉宽和测试量程，使量程为测试长度的1.5～2倍，脉宽小于事件盲区，这时的测试精度为最高。

3．光纤端接面的故障检测

灰尘以及其他的污染是影响光纤链路的主要因素。由于光纤设备的连接器通常密闭安装在前面板或背板上，检测起来比较困难。如果插入一个受污染的连接跳线，在设备内部的接触点也将受到污染并造成信号衰减。千兆位以太网标准规定对光纤链路损耗的余量只有2.38dB，稍微不洁就可以造成严重的影响。

在诊断光缆故障时，通常采用适当的测试工具，例如，视频放大镜、OTDR测试仪等，可以有效地缩短故障诊断时间，从而缩短网络出故障的时间，减少由于网络中断而造成的损失以及由于测试对连接端面造成的新的污染。

练习　福禄克电缆测试仪操作训练

众所周知，光纤光缆布线系统工程验收时，通常通过4种方法对该布线系统进行测试。

1）连通性测试，它是最简单的测试方法，只需在光纤一端射入光线（如手电光），在光纤的另外一端观察是否有光闪即可。连通性测试的目的是为了确定光纤中是否存在断点。在购买光缆时一般都采用这种方法进行。

2）端一端的损耗测试，它采取插入式测试方法，使用一台功率测量仪和一个光源，先将被测光纤的某个位置作为参考点，测试出参考功率值，然后再进行端一端测试并记录信号的增益值，两者之差即为实际端到端的损耗值。

3）收发功率测试，它是测定布线系统光纤链路的有效方法，使用光纤功率测试仪和一段跳接线来进行。在实际应用中，链路的两端可能相距很远，但只要测得发送端和接收端的光功率，即可判定光纤链路的状况。

4）反射损耗测试，它是光纤线路检修非常有效的手段。它使用光纤时间区域反射仪（OTDR）来完成测试工作，基本原理就是利用导入光与反射光的时间差来测定距离，如此可以准确判定故障的位置。虽然FDDI系统验收测试没有要求测量光纤的长度和部件损耗，但它也是非常有用的数据。而OTDR将探测脉冲注入光纤，在反射光的基础上估计光纤长度。OTDR测试适用于故障定位，特别是用于确定光纤断开或损坏的位置。OTDR测试文档对网络诊断和网络扩展提供了重要数据。

1．福禄克电缆测试产品（见表5-2）

表5-2　福禄克电缆测试产品

名　称	福禄克型号	备　注
铜缆测试仪	DSX—5000、DTX—1800、DTX—1200、DTX—LT、CIQ—100、MS2—100 MT—8200—60A、DTX—PC6S	
光缆测试仪	DTX—SFM2、DTX—MFM2、OFP—100—Q 、FTK1000、FTK2000、FTK1450、VisiFualt	
网络测试仪	1TG2—1500、1TG2—3000、1T—1000、OneTouch AT、NTS2—PRO、LRAT2000、LRAT1000、OPVXG	
数字万用表	15B、17B、18B、115C、116C、117C、175、179、287、289C	
测温仪	59、62、63、561、568、971	
电力测试仪	1621、1623、1625、1630、43B	

知识点

福禄克电缆测试仪（DTX—1800，DSX—5000，DSX—8000）认证测试仪的区别：

如果只是测试到CAT5E、CAT6、CAT6A的线缆，那么选择DTX—1500无疑是性价比较高的设备。如果考虑后期有光纤要测试，需要拓展光纤模块，那么就可以选择DTX—1800。但光纤模块不便宜，价格有时比设备还贵。DTX—1800比DTX—1500带宽更大一些，多了CAT7类的测试标准；DSX—5000比DTX—1800多了CAT7A类的测试标准；DSX—8000比DSX—5000多了CAT8类的测试标准。

2. 认识DSX—5000分析仪主测试仪接头、按键和LED

福禄克网络（FLuke Networks）线缆认证分析仪DSX—5000电缆认证分析仪符合V级精度标准，支持1 GHz和Fa级（CAT7）测试。DSX—5000分析仪外观如图5-16所示。

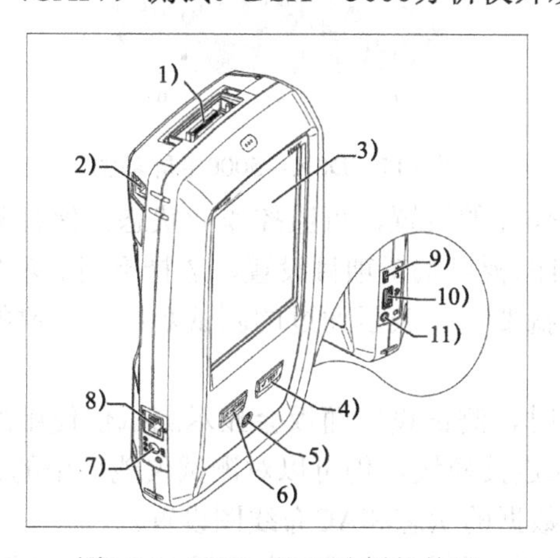

图5-16　DSX—5000分析仪外观

具体说明如下：

1）链路接口适配器的连接器。

2）通用RJ45插头，外部串扰测量时主测试仪与远端测试仪之间进行通信。

3）带触摸屏的LCD显示屏。

4）Test键开始测试，如果远端测试仪未连接到主测试仪，打开音频 发生器。要开始测试，还可以在显示屏上轻触测试。

5）电源键。

6）按此健可转到主屏幕。

7）交流适配器的接头。当电池充电时，LED呈红色；当电池完全充满时，则呈绿色；当电池不充电时LED 呈黄色。

8）RJ—45 连接器，为软件的未来版本中新增功能预留。

9）Micro-A—B USB 端口，通过此 USB 端口可将测试仪连接到 PC，以便将测试结果上传到PC以及在测试仪中安装软件更新。

10）A型USB端口，本USB主机端口能够在USB闪存驱动器上保 存测试结果。

11）耳机插孔。

3. DSX主屏幕显示重要测试设置

DSX—5000主屏幕图如图5-17所示。测试前，请确保以下设置正确。

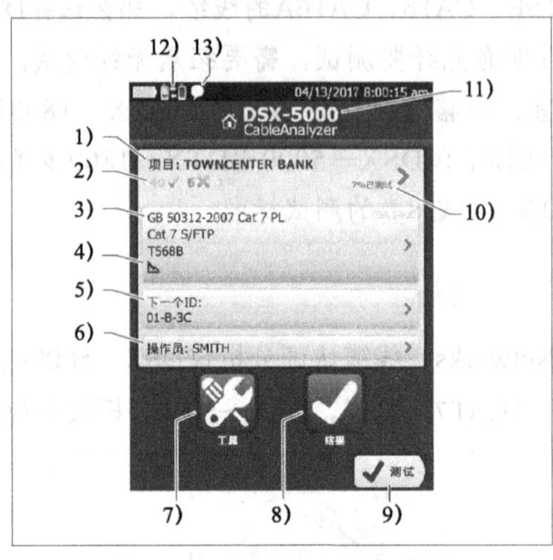

图5-17 DSX—5000主屏幕图

1）项目，项目包含对作业的设置，可监控作业状态。保存测试结果时，测试仪会同时将其存入项目中。轻触项目面板以编辑项目设置、选择不同的项目或建立新项目。

2）显示项目测试结果摘要，√表示通过的测试数；×失败的测试数；※具有综合余量结果的测试数量。

3）轻触测试或按此健时，测试设置面板会显示测试仪使用的设置。要更改这些设置，请轻触面板。注意：即使未连接模块，仍可以对测试仪能使用的任何模块设置测试。

4）图标显示存储绘图数据的状态和AC布线图设置。

5）下一个ID，下一个ID面板显示测试仪为要保存的下一个测试结果提供的ID。

6）操作员，执行作业人员的姓名。可输入最多20个操作员姓名。

7）工具，工具菜单能够设置参照，查看测试仪状态，并设置语言和显示亮度等用户首选项。

8）结果，轻触结果以了解和管理保存在测试仪中的结果。

9）测试，轻触测试以在测试设置面板中执行测试。

10）已完成的项目百分比。百分比是已保存结果所用的ID数量除以项目中已使用的总数和可用ID。ID数量包括铜缆和光缆的ID。如果项目仅包含下一个ID列表，则不会显示%已测试。

11）连接至 Versive 主端设备的模块类型。

12）测试仪链路接口适配器连接到Versive远端上的适配器且远端 开启时，将显示此图标。

13）通话功能启用时，将显示此图标。要使用通话功能需具备以下几点：①通过具有一个或多个良好线对的链路连接主测试仪和远端测试仪。②将耳机连接到测试仪上的耳机插孔。③按下一个耳机麦克风上的按钮，或按下远端上的TALK，然后对着麦克风讲话。

一、认证双绞线布线

1．将测试仪通电

必要时请给电池充电。将交流适配器连接到交流电源和如图5-18所示的适配器连接器。测试仪在电池充电时也可以使用。

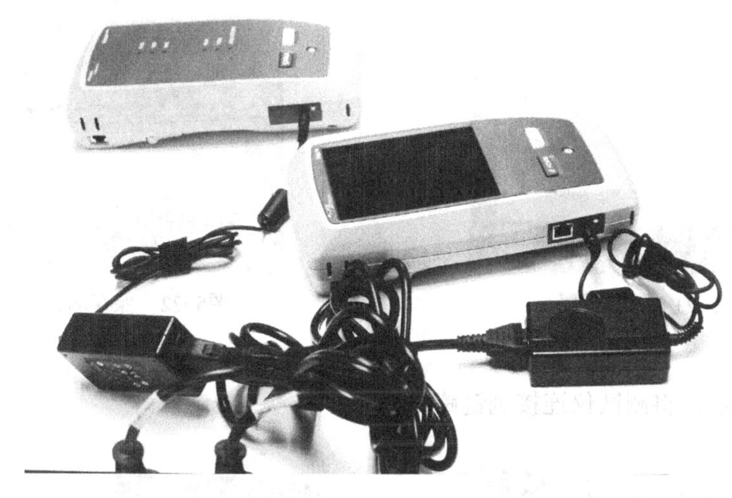

图5-18 设备充电

2．选择设置

1）在主屏幕上，轻触“测试”设置面板，如图5-19所示。

2）在“更改测试”屏幕上，轻触双绞线测试，然后轻触“编辑”，如图5-20所示。

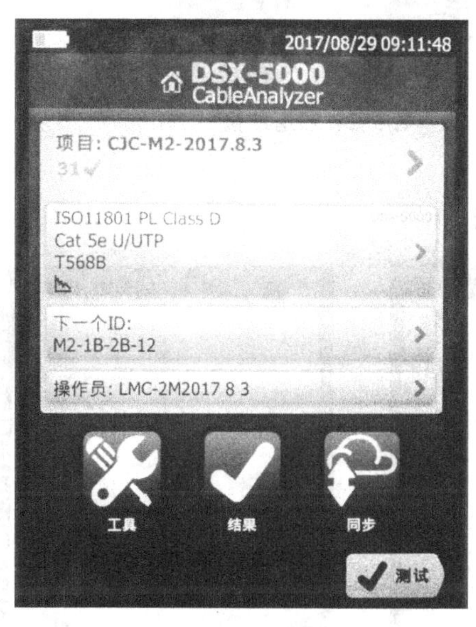

图5-19 DSX—5000主屏幕

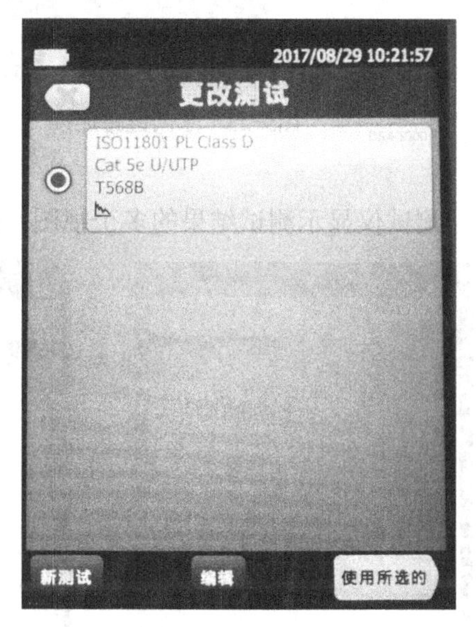

图5-20 更改测试

3）在测试设置屏幕上，轻触面板以更改设置，如图5-21所示。

4）要保存设置，在测试设置屏幕上轻触“保存”，如图5-22所示。

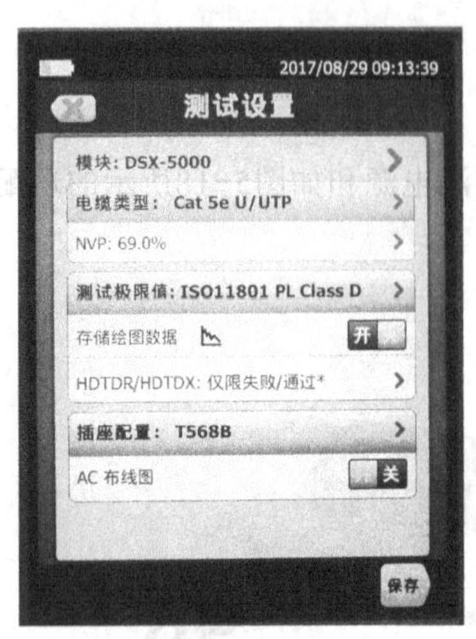

图5-21　测试设置　　　　图5-22　保存测试结果

3．进行连接并测试

如图5-23所示，将测试仪连接到链路中。

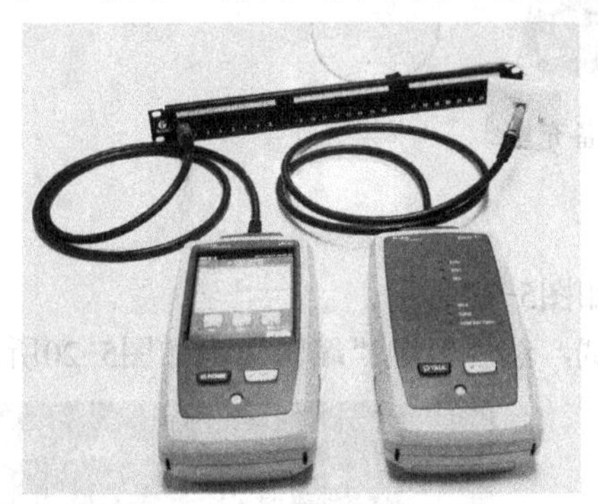

图5-23　永久链路连接

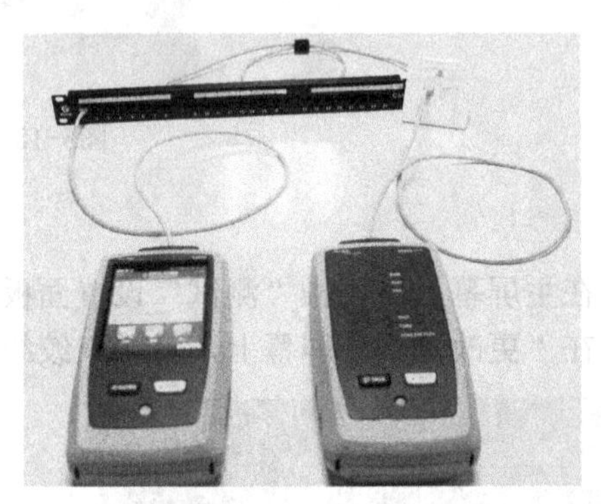

图5-24　通道连接

4．查看结果

测试仪显示测试结果的多个视图，如图5-25所示。

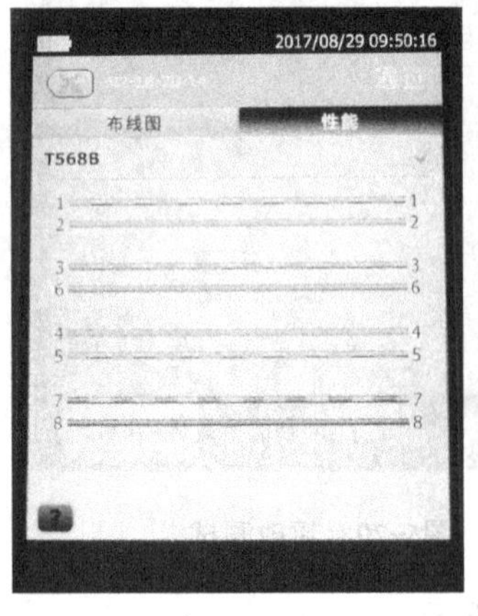

a）

b）

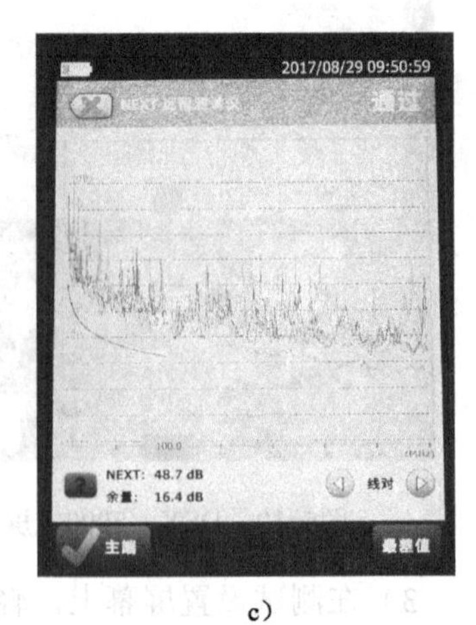

c）

图5-25　双绞线结果屏幕

1）布线图，显示测试时电缆两端的连接情况。测试仪比较所选插座配置的连接情况，以获得通过或者失败结果。

2）性能，显示所选测试极限值所需的每个测试的总体结果。要查看详细的测试结果，轻触面板。

5. 保存结果

1）如果通过测试，轻触“保存”；如果测试失败，轻触“稍后解决”，如图5-26所示。

2）如果电缆ID框显示正确的ID，轻触“保存”，如图5-27所示。

3）要输入电缆ID，轻触“保存结果”屏幕上的电缆ID文本框，使用键盘输入结果名称，轻触“完成”，然后轻触“保存”，如果不选择其他项目，测试仪将把结果保存在DEFAULT（默认）项目中，如图5-28所示。

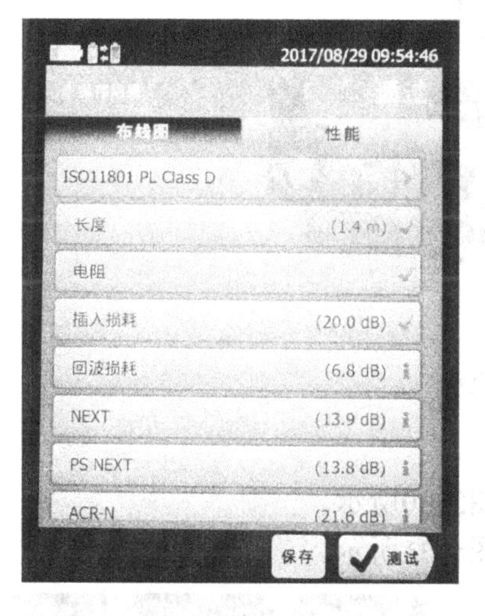

a）

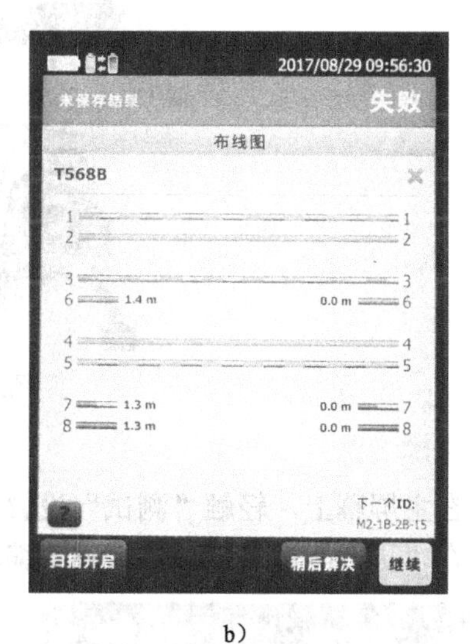

b）

图5-26 结果

图5-27 保存结果

图5-28 输入保存ID

二、OTDR测试

（一）光纤OTDR分析

光时域反射仪（OTDR）是通过对测量曲线的分析，了解光纤的均匀性、缺陷、断裂、接头耦合等若干性能的仪器。它根据光的背向散射与菲涅耳反向原理制作，利用光在光纤中传播时产生的背向散射光来获取衰减的信息，可用于测量光纤衰减、接头损耗、光纤故障点定位以及了解光纤沿长度变化的损耗分布情况等，是光缆施工、维护及监测中必不可少的工具。

（二）OTDR测试步骤

1. 将测试仪通电

必要时请给电池充电。将交流适配器连接到交流电源和如图5-29所示的适配器连接器。测试仪在电池充电时也可以使用。

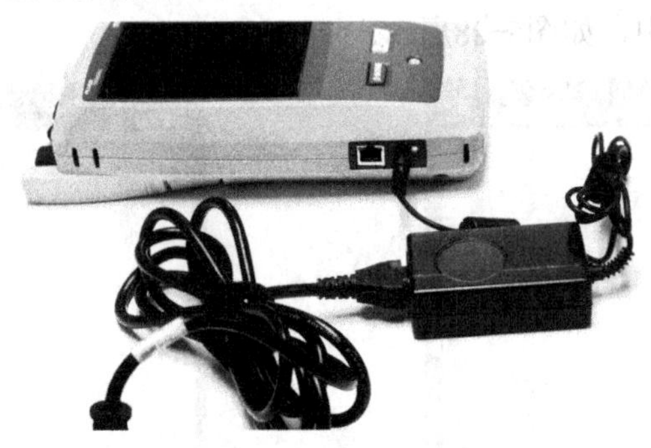

图5-29　准备充电

2. 选择设置

1）在主屏幕上，轻触“测试”设置面板，如图5-30所示。

2）在“更改测试”屏幕，轻触“编辑”，如图5-31所示。

图5-30　OFP主屏幕

图5-31　更改测试

3）在“测试设置”屏幕上，轻触各面板以更改相应设置。

测试类型：选择自动OTDR，如图5-32所示。

前导补偿：如果将使用前导/末尾线，将此设置为开，选择测试波长，如图5-33所示。

图5-32　测试设置

图5-33　选择波长

光纤类型：在“光纤类型”屏幕上，选择适用的光纤类型如图5-34所示。

测试极限值：为此项作业选择正确的极限值如图5-35、图5-36所示。

4）要保存设置，在测试设置屏幕上轻触“保存”，如图5-37所示。

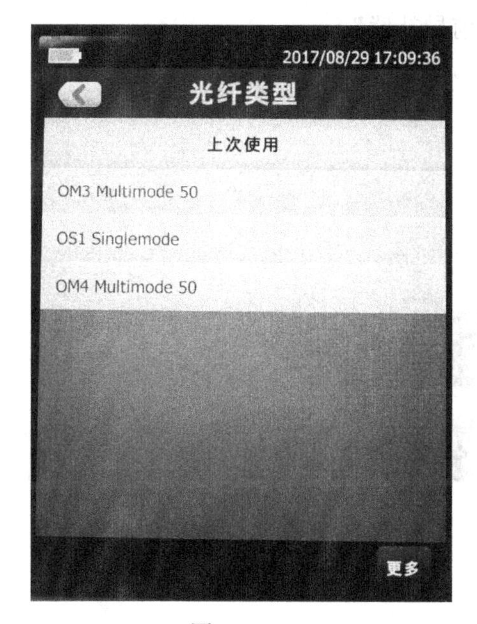

图　5-34

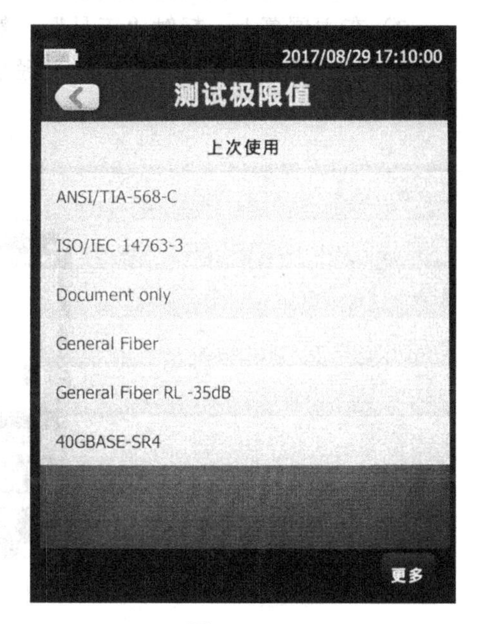

图　5-35

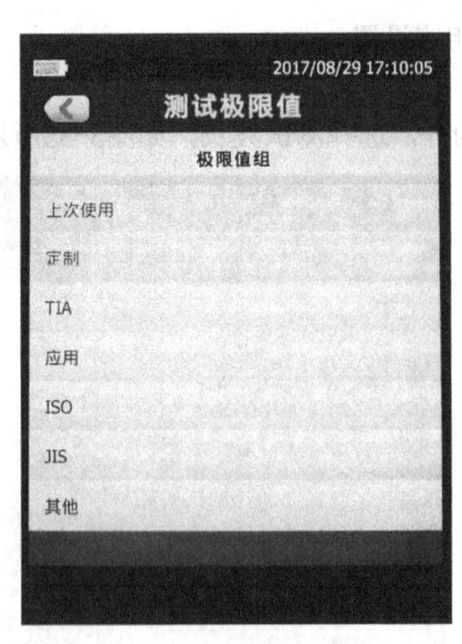

图　5-36

图5-37　保存结果

3. 前导和末尾线补偿

利用前导和末尾线，测试仪可测量布线中首个连接器和最后一个连接器的损耗和反射，并在整体损耗测量中包含这些结果。否则在首个连接器之前或最后一个连接器之后均无法探测到背向散射。

因此，Fluke Networks 建议您使用前导和末尾线。此外，应该使用前导/末尾线补偿功能，以便从OTDR 测量中减去这些光纤的长度。

对前导和末尾线进行补偿：

1）选择与将测试的光纤类型相同的前导和末尾线。

2）在主屏幕上，轻触“工具”，然后轻触“设置前导补偿”。

3）在“设置前导方式”屏幕，轻触“前导+末尾”，如图5-38所示。

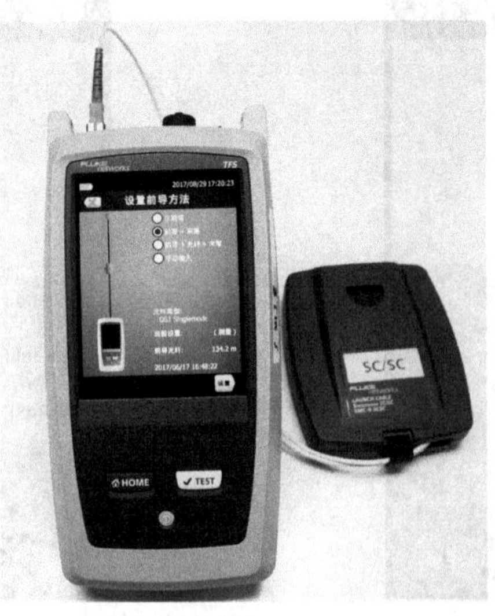

图5-38　设置前导方法

4）清洁并检查OTDR端口和前导/末尾连接器。

5）按图5-38所示进行连接。

6）按“设置”按钮。

7）当出现“设置前导补偿”屏幕时，选择前导线终端及末尾线起始端事件（如果此事尚未选择）。

8）轻触“保存”。

4．执行OTDR测试

1）清洁并检查前导和末尾线以及要测试光纤上的连接器。

2）如图5-39所示，将测试仪连接到链路中。

3）轻触“测试”或轻触“TEST”。

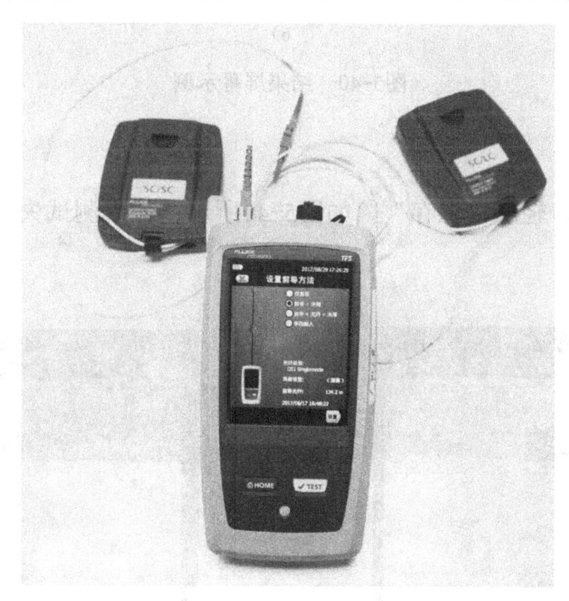

图5-39　OTDR测试连接

5．查看结果

测试仪以3种格式显示OTRD 结果，如图5-40所示。

EventMap：将光纤的事件、光纤长度和光纤的整体损耗以事件图形式显示。利用此屏幕可快速对光纤上的连接器及故障进行定位。若要查看事件的详细信息，在图中轻触该事件，然后轻触该事件的信息窗口。

表格：将光纤的事件以表格形式显示。利用此屏幕可迅速查看所有事件的测量结果，并可查看光纤的事件类型。此表格中包括事件的距离、事件的损耗、事件反射的大小以及事件的类型等。要查看事件的详细信息，在表格中轻触该事件。

曲线：显示OTDR曲线。利用此屏幕可查看反射事件的死区、检查意外事件的特征（如幻影和增益器等）。

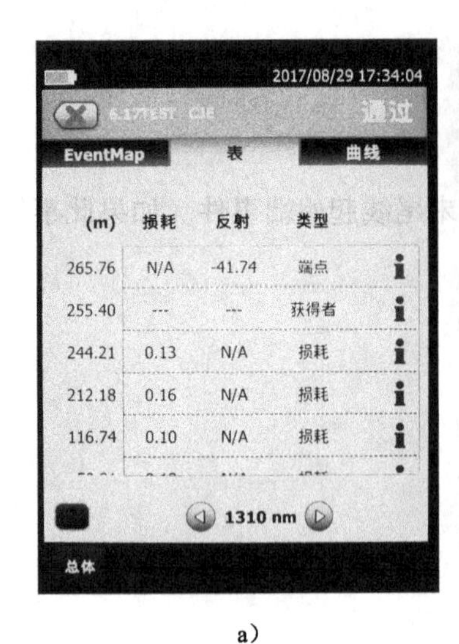

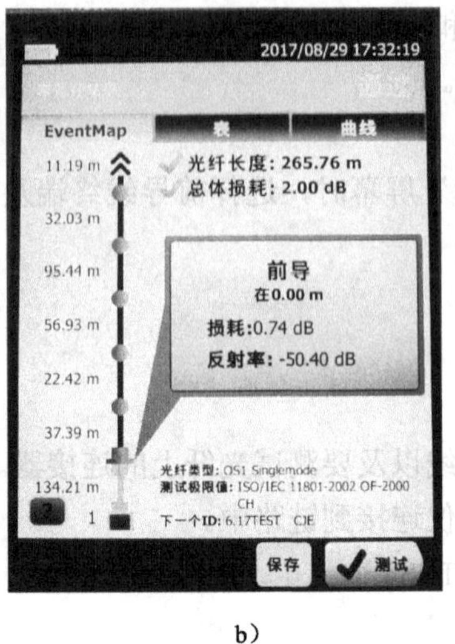

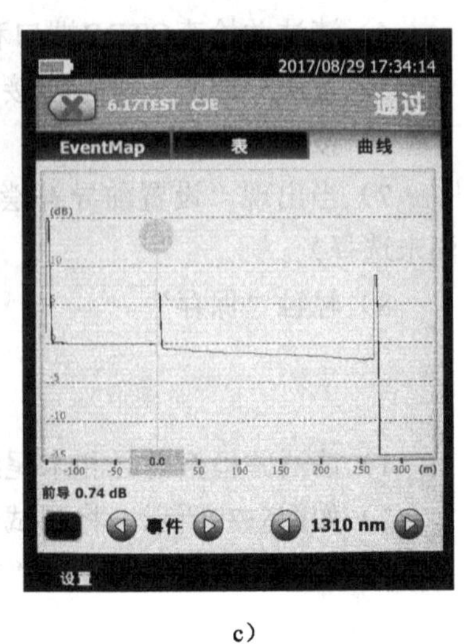

a） b） c）

图5-40 结果屏幕示例

6. 保存结果

1）如果通过测试，轻触“保存”，如图5-41所示；如果测试失败，轻触稍后解决，如图5-42所示。

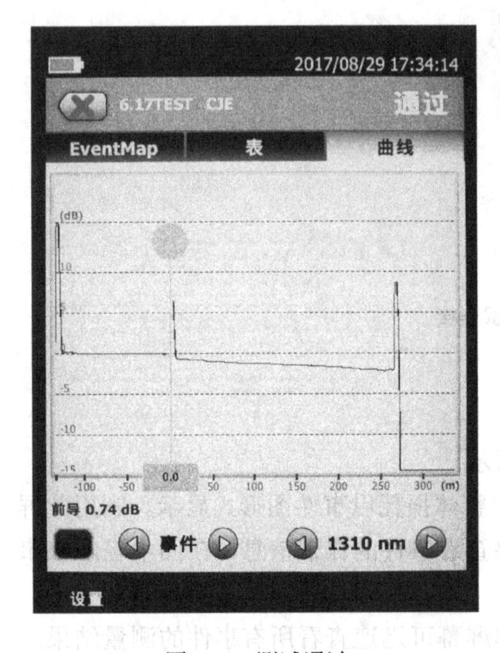

图5-41 测试通过

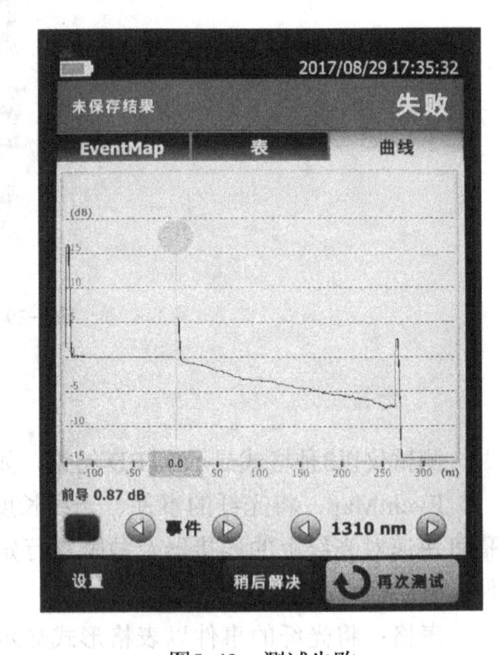

图5-42 测试失败

2）如果电缆ID框显示正确的ID，轻触“保存”，如图5-43所示。

要输入电缆ID，轻触“保存结果”屏幕上的电缆ID文本框，使用键盘输入结果的名称，轻触“完成”，然后轻触“保存”。

如果不选择其他项目，则试仪将把结果保存在默认项目中。

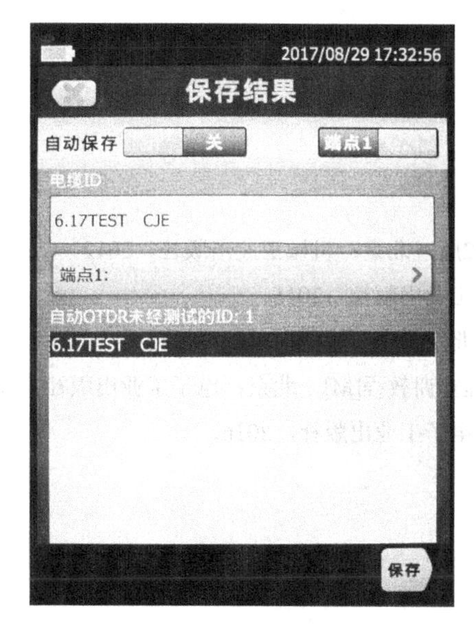

a)

b)

图5-43　保存结果

参 考 文 献

[1] 王公儒．网络综合布线系统工程技术实训教程[M]．2版．北京：机械工业出版社，2012．

[2] 杨春红．网络综合布线实训与工程[M]．北京：电子工业出版社，2015．

[3] 陈晴，高曙光．网络综合布线与施工项目教程[M]．北京：电子工业出版社，2015．

[4] 孙丽华，张坚林，危建国．网络综合布线技术与工程实训教程[M]．北京：电子工业出版社，2014．

[5] 王书旺，吴珊珊．网络集成与综合布线[M]．北京：电子工业出版社，2016．